Existenzgründung

INHALT

Einleitung

Sie planen eine eigene Existenz aufzubauen? Sie wollen nicht mehr jeden Tag ins Büro fahren und sich von Ihrem Chef kontrollieren lassen? Sie träumen jeden Tag davon, Ihr eigener Boss zu sein? Dann ist dieser Ratgeber zur Existenzgründung genau die richtige Lektüre für Sie. Sie haben schon seit längerer Zeit eine geeignete Geschäftsidee im Kopf und warten nur noch auf den passenden Moment? Zögern Sie nicht lange und starten Sie jetzt in die Selbstständigkeit.

Neben einigen Fachkenntnissen, gehört jedoch auch eine Portion Selbstvertrauen und Wissen dazu. Es bringt nichts, wenn Sie nur halbherzig mit Ihrer Existenzgründung beginnen, denn dann brauchen Sie erst gar nicht anfangen. Versuchen Sie deshalb von vornherein alles richtig zu machen, damit Ihnen nicht die gleichen Fehler passieren, die viele andere Unternehmen scheitern lassen. Dieser Ratgeber zeigt Ihnen Schritt für Schritt, wie Sie Ihr eigenes Unternehmen aufbauen. Von der Ideenfindung über die Grundlagen bis zur Existenzsicherung - dieser Ratgeber klärt Sie über die Chancen und Risiken einer Existenzgründung auf.

Außerdem erfahren Sie, wie Sie Ihre Geschäftsidee ergänzen und ausarbeiten sowie alles über die ersten wichtigen Grundlagen. Eine Existenzgründung ist nicht einfach. Sie benötigen neben einem übersichtlichen Businessplan außerdem Wissen zum Thema Recht, zu Verträge und der Finanzierung. Auch sollten Sie ein bisschen Erfahrung in Sachen Marketing, Vertrieb und Controlling mitbringen. Doch all das Wissen bringt nichts, wenn Sie es nicht richtig anwenden können.

Sind die ersten Schritte erst einmal getan, kommt es auf die Führung des Unternehmens an. Wie führt man ein Unternehmen?

Neben der Gründung ist es vermutlich eines der wichtigsten Themen für einen Existenzgründer. Ein Unternehmen lebt vom Marketing, dem Vertrieb und der Unternehmenssteuerung. Sie sollten sich die Frage stellen, wie Sie Ihr Unternehmen bekannt machen wollen. Denn: Je mehr potenzielle Kunden auf Ihr neu gegründetes Unternehmen aufmerksam werden, desto höher ist die Chance, dass Ihr Unternehmen erfolgreich wird. Ebenso ist es wichtig, wie Sie Ihre Produkte oder Ihre Dienstleistungen vertreiben möchten. Möchten Sie Ihr eigenes Lager besitzen? Planen Sie einen Webshop eröffnen? Oder wollen Sie Ihren Vertrieb komplett in fremde Hände geben?

Sie werden schnell merken, dass das Führen eines Unternehmens mehr ist, als nur der Einkauf und Verkauf. Denn auch das Controlling spielt eine sehr wichtige Rolle in Sachen Existenzgründung. Hier müssen Sie planen, kontrollieren und kalkulieren. Einnahmen und Ausgaben werden in diesem Bereich gegenübergestellt, um alles perfekt im Blick zu haben. Doch all diese Informationen und Anleitungen nützen Ihnen nichts, wenn Sie nicht dafür bereit sind. Sie brauchen, um ein erfolgreiches Unternehmen aufzubauen, eine sehr starke Persönlichkeit. Sie müssen sich durchsetzen können und in entscheidenden Momenten einen kühlen Kopf bewahren. Fühlen Sie sich dazu im Stande? Denken Sie, Sie sind bereit für eine Existenzgründung? Wollen Sie jetzt mit der Existenzgründung beginnen?

Dann nehmen Sie sich diesen Ratgeber, lesen Sie sich alle Fakten, Tipps und Anmerkungen zu dem Thema Existenzgründung durch und beginnen Sie Ihr neues Leben als selbstständiger Mensch.

Informieren und Planen

GRUNDLAGEN

Wer träumt nicht davon, sich selbstständig zu machen? Man feilt Wochen, vielleicht sogar Jahre, an einer Idee, die sich schon seit längerer Zeit im Kopf festgesetzt hat. Nun wollen Sie Ihre Idee in die Tat umsetzen und Ihr eigenes Unternehmen gründen. Schnell kommen Sie an Ihre Grenzen und merken, dass man mehr braucht, als nur eine gute Idee. Auch wenn Sie von ihrem Produkt oder Ihrer Dienstleistung total überzeugt sind, wird Ihnen auffallen, dass Sie ohne Mut, Ausdauer und einer ausgearbeiteten Strategie nicht viel erreichen werden. Wollen Sie Hals über Kopf mit einer Existenzgründung beginnen, wird Ihnen schon sehr früh auffallen, welche Punkte Sie in Ihrem Leichtsinn nicht bedacht haben. Doch dann ist es in den meisten Fällen schon zu spät und Sie scheitern.

Doch worauf kommt es an? Wie planen Sie Ihren Kunden zu begeistern? Wie denken Sie, können Sie Ihre zukünftigen Kooperationspartner beeindrucken? Welche Botschaft möchten Sie vermitteln? Was müssen Sie aufwenden, um das zu erreichen, was Sie sich vorgenommen haben? Es ist ganz egal welche Produkte Sie verkaufen oder welche Dienstleistung Sie erbringen wollen, Sie sollten dabei stets professionell sein. Legen Sie sich ein stimmiges Design zu, machen Sie sich einen Namen und arbeiten Sie ständig an der Verbesserung Ihres Unternehmens. Zögern Sie dabei nicht sich professionelle Designer zu suchen, die Ihnen bei der Umsetzung diverser Vorhaben helfen. Entwerfen Sie gemeinsam ein passendes Logo, welches perfekt zu Ihrem Unternehmen passt. Doch es sollte nicht nur zu Ihrem Geschäft passen, auch sollte das Logo einen gewissen Wiedererkennungswert haben. Optimieren Sie das Design so, dass es für sämtliche Medien kompatibel ist. Ist ein passendes Design erst einmal gefunden, sollten Sie natürlich auch die Geschäftsausstattung, die Produkte oder die Werbemittel darauf auslegen. Zeigen Sie Präsenz.

Auch sollten Sie eine eigene Website für Ihr Unternehmen haben. Die Internetpräsenz ist heutzutage unerlässlich. Auf der eigenen Website werden die ersten Kunden nach Informationen suchen und sich vielleicht sogar schon eine erste Meinung zu Ihrem Unternehmen bilden. Um einen guten Eindruck bei Ihrem zukünftigen Kunden zu hinterlassen, raten wir Ihnen sich erst einmal Gedanken darüber zu machen, welche Informationen auf der Internetseite stehen sollen. Welche Zusatzfunktionen sollen möglicherweise genutzt werden? Welches Layout würde gut zu Ihrem Produkt oder zu Ihrer Dienstleistung passen? Wie schaut Ihre Zielgruppe aus? Passt das Design auch dazu?

Doch nicht nur das Layout ist sehr wichtig, auch die Suchmaschinenoptimierung darf nicht außen vor gelassen werden. Die Suchmaschinenoptimierung ist ein sehr wichtiger Punkt, um auf diversen Suchmaschinen besser gefunden zu werden. Denn auch das schönste Design bringt Ihnen herzlich wenig, wenn niemand auf Ihrer Website landet. Auch die Optimierung auf mobilen Endgeräten ist wichtig, sodass das Design stets richtig dargestellt werden kann. Werden Schriften und Bilder zu klein gezeigt, kann sich das negativ auf das Ranking der Suchergebnisse auswirken.

Doch nicht nur der Internetauftritt sollte gut bedacht sein, auch kommt es natürlich auf die Strategie, das Marketing, das Produkt bzw. die Dienstleistung, den Preis, den Vertrieb und die Werbung oder die Kommunikation an. Besteht schon eine Idee, sollten Sie natürlich überlegen, ob es für das neue Produkt oder die Dienstleistung überhaupt einen Markt gibt. Falls nicht: Besteht möglicherweise die Chance einen Markt zu erschließen? Um das herauszufinden sollten Sie natürlich erst einmal Ihre Zielgruppe ausfindig machen. Möglichst genau sollte also definiert werden, an welche Zielgruppe sich Ihr Unternehmen richtet. Das Gleiche sollten Sie übrigens auch für die Konkurrenz machen. Hier sollten Sie natürlich Ihre Alleinstellungsmerkmale herausfiltern, die Ihr Unternehmen von anderen unterscheidet. Wieso ist Ihr Unternehmen so besonders? Vergleichen Sie in diesem Fall die Produkte oder Dienstleistungen und deren Preise. Versuchen Sie nicht zwingend einen niedrigeren Preis anzubieten, denn das kann sich negativ auf Ihr Image auswirken. Eigentlich geht es eher um die Überzeugung von Kunden und die richtige Argumentation, warum Ihre Produkte oder Dienstleistung das Geld wert sind.

Wer schon einen Schritt weitergehen will, sollte sich nun um die Werbung kümmern. Es ist völlig egal, ob Sie auf klassische Anzeigen, Mailings oder Online-Banner vertrauen. Das Gesamtergebnis der Werbung muss einfach stimmen. Wollen Sie eine Kreativagentur eröffnen, kann der Flyer schon mal etwas bunter werden. Je nach Branche müssen Sie bei der Werbung also den richtigen Ton treffen. Natürlich können Sie nun einfach unendlich viele Mails verschicken oder Online-Banner schalten, allerdings muss auch in diesem Bereich der Existenzgründung auf das Budget geachtet werden. Mit einem geringen finanziellen Aufwand soll also möglichst eine große Reichweite erzielt werden. Eine kluge PR-Strategie bringt Ihr Unternehmen zusätzlich auf den richtigen Weg. Denn: Kommunikationsmaßnahmen erzeugen in der Öffentlichkeit einen positiven Effekt auf Ihr Unternehmen.

Zufriedene Kunden oder Profis, die Empfehlungen aussprechen, sind natürlich extrem wichtig für die Öffentlichkeit. Doch auch Social Media spielt in der heutigen Zeit eine immer größere Rolle. Pflegen Sie Ihre Accounts und veröffentlichen Sie regelmäßig neue Beiträge, so wird auch das einen positiven Effekt auslösen und immer mehr Leute für Ihr Unternehmen begeistern. Doch überlegen Sie sich das gut, denn wochenalte Posts können auf den Betrachter sehr schnell unseriös wirken.

Warum streben Sie so sehr danach, sich beruflich unabhängig zu machen? Die Antwort können Sie vermutlich leicht beantworten - nicht umsonst lesen Sie jetzt diesen Ratgeber. Sie haben sich mit Sicherheit schon intensiv mit diesem Thema beschäftigt und nun wollen Sie es darauf anlegen. Erhoffen Sie sich durch Ihre Existenzgründung ein höheres Einkommen? Sind Sie in Ihrem derzeitigen Job zu sehr frustriert? Oder wollen Sie einfach nur unabhängig sein? Es gibt viele Gründungsmotive, die für Sie vermutlich in Frage kommen. Möglicherweise haben Sie gerade Ihre Meisterprüfung bestanden, Sie wollen aus Ihrer vorübergehenden Arbeitslosigkeit raus, Sie haben eine Marktnische entdeckt, vielleicht ist es in Ihrer Familie sogar Tradition, dass Sie ein Unternehmen gründen oder übernehmen oder Sie wollen nun Ihre Geschäftsidee, die Ihnen schon seit einiger Zeit im Kopf schwebt, in die Tat umsetzen. Es gibt viele Gründe, weshalb Sie ein eigenes Unternehmen aufbauen sollten.

Diese Fragen müssen Sie sich vor einer Gründung stellen:

Warum will ich überhaupt selbstständig sein? Sie sitzen vermutlich an Ihrem Schreibtisch im Büro. Sie sind ein festangestellter Mitarbeiter. Möglicherweise denken Sie gerade an Ihre Zukunft. Was werden Sie wohl in 10 Jahren machen? Möchten Sie weiterhin in diesem Beruf arbeiten? Möchten Sie Ihr Geld weiterhin mit dem gleichen Job verdienen? Nein? Hier schleichen sich meistens die ersten Gedanken zum Thema Selbstständigkeit in den Kopf. Wie schön wäre es, wenn Sie Ihr eigener Chef wären? Wie toll wäre es, wenn Sie immer das Sagen hätten, Sie die Entscheidungen treffen dürfen oder Sie die Verantwortung tragen? Wollten Sie sich schon immer ein wenig ungebunden und frei im Job fühlen? Machen Sie sich genügend Gedanken darüber, dabei können Sie gerne ein wenig übertreiben. Nur wer mutig genug ist zu träumen, ist auch mutig genug ein eigenes Unternehmen zu gründen und aufzubauen.

Wurde ich als Unternehmer geboren? Viele Existenzgründer wurden dazu geboren, um ein Unternehmen zu gründen. Ihre Eltern haben ihr eigenes Unternehmen gegründet, die Großeltern haben vielleicht ein Unternehmen übernommen und der Onkel ist ebenfalls selbstständig. Dann sind Sie dazu bestimmt, ein Unternehmen zu gründen. In den meisten Fällen geht es solchen Existenzgründern gar nicht darum, innerhalb von ein paar Jahren einen großen Konzern zu leiten, vielmehr geht es ihnen um die Idee an sich. Sie wollen ihre Geschäftsidee verwirklichen und einfach nur das tun, was sie wollen. Sie sind mit der Leidenschaft, der Ausdauer und der Bereitschaft etwas Neues zu lernen geboren worden.

Ist meine Geschäftsidee gut? Das fragen Sie noch? Dann ist Ihre Geschäftsidee wirklich nicht gut. Solange Sie nicht zu hundert Prozent davon überzeugt sind, ist Ihre Idee nicht gut. Damit Sie mit Ihrer Geschäftsidee Erfolg haben, müssen Sie davon überzeugt sein und dafür leben. Sollten Sie noch nicht mit Ihrer Idee zufrieden sein, heißt das jedoch noch lange nicht, dass Sie Ihren Traum von der Selbstständigkeit komplett aufgeben müssen. Sammeln Sie einfach genügend Inspiration und versuchen Sie Ihre Idee dadurch perfekt zu machen.

Brauche ich einen Businessplan? Sie brauchen unbedingt einen ausführlichen Businessplan. Mittlerweile gibt es viele Existenzgründer, die einfach machen und ausprobieren. Das kann vielleicht ein paar Mal gut ausgehen, oftmals ist dies jedoch nicht erfolgversprechend. Eine optimale Vorbereitung ist wirklich entscheidend. Eine mangelnde Planung ist hingegen der häufigste Grund, wieso ein Unternehmen zu Grunde geht. Ein Businessplan hilft in vielen Situationen, besonders dann, wenn Sie das wirtschaftliche Potenzial Ihrer Firma prüfen wollen.

Woher bekomme ich Geld für mein Unternehmen? Viele Existenzgründer haben ein wenig Geld angespart, um die ersten Monate der Existenzgründung zu bestehen. Auch bekommen viele Gründer Unterstützung von der Familie. Wollen oder können Sie Ihr Unternehmen nicht aus der eigenen Tasche finanzieren, können Sie auf ein klassisches Fördermittel zurückgreifen. In diesem Fall würden Sie dann zu Ihrer Hausbank gehen –natürlich mit Ihrem Businessplan in der Hand- und würden sich umfassend beraten lassen. Egal wie Sie Ihre Gründung finanzieren möchten, auch dieser Punkt sollte durch viel Planung und Vorbereitung bearbeitet werden.

Soll ich lieber selbst und ständig arbeiten oder arbeiten lassen? Am Anfang der Existenzgründung stehen die meisten Selbstständigen komplett alleine da. Die Geschäftsidee steht, die Finanzierung ebenso, nun kann das Abenteuer losgehen. Wollen Sie sich mit einem kreativen Beruf selbstständig machen, kann es vorkommen, dass Sie sich überarbeiten. Sie muten sich zu viel zu und wissen nicht mehr, wo Ihnen der Kopf steht. Bei kreativen Berufen kommt es häufig vor, dass Sie Ihre Arbeit lieber selbst erledigen wollen. Ihr Vertrauen in andere Menschen ist eher verhalten.

Die kreativen Selbstständigen können einfach nicht delegieren, sodass es nicht selten vorkommt, dass Sie einen Burnout bekommen. Sind die Selbstständigen auch noch mit einem gewissen Perfektionismus ausgestattet, dann wird es tatsächlich schwierig. In diesem Fall müssen Sie einfach mal Ihren Perfektionismus ignorieren und eine gesunde Entscheidung für Ihr Unternehmen treffen.

Wer ein erfolgreiches Unternehmen aufbauen will, sollte direkt vom ersten Tag an planen. Auch sollten Sie sich rechtzeitig überlegen, wie groß Ihre Firma werden soll. Wollen Sie Ihr Unternehmen im Bereich Handwerk ausbauen, sollten Sie vielleicht überlegen jemanden für das Büro einzustellen. Die Person, die ihre Ausbildung in einem Steuerbüro oder in einem anderen Betrieb gemacht hat, wird sich mit der allgemeinen Büroorganisation mit Sicherheit besser auskennen als Sie. Überlege Sie genau, welche Aufgaben Sie abgeben und welche Sie lieber selbst übernehmen wollen.

Wie kann man sich immer wieder aufs Neue motivieren? Wie wichtig sind Ehrgeiz, Belastbarkeit und Co.? Dass das Business knallhart ist, brauchen wir Ihnen wahrscheinlich nicht zu sagen. Wollen Sie mit Ihrem Unternehmen erfolgreich sein, müssen Sie Ehrgeiz besitzen und sich durchsetzen können. Wie belastbar muss man eigentlich sein, um sich im Business einen Namen zu machen? Wie viel Ehrgeiz benötigt man, um seine Ziele konsequent zu verfolgen? Und wie können Sie das erledigen und obendrein noch erfolgreicher sein als alle anderen? Wie viel Energie und Zeit Sie in Ihr eigenes Projekt stecken, geht zum Glück nur Sie etwas an. Sie bestimmen Ihre Arbeitsweise - Leben Sie, um zu arbeiten oder arbeiten Sie, um zu leben?

Das entscheiden Sie selbst. Allerdings sollten Sie sich im Klaren sein, dass Erfolg nicht von alleine entsteht. Sie müssen sich selbst etwas aufbauen und das gelingt meist nur mit viel Ehrgeiz und Motivation. Die Motivation in der Anfangsphase ist grenzenlos. Sie beflügelt uns und lässt uns im wahrsten Sinne des Wortes „Bäume ausreißen". Wir investieren gerne Zeit in unser Baby, lassen für unser eigenes Unternehmen alles stehen und liegen und riskieren alles für die neu gegründete Existenz. Doch nach dieser Anfangsphase kann es schon mal vorkommen, dass diese Euphorie schwindet. Was machen wir dann? Die ersten negativen Ergebnisse werden verzeichnet oder vielleicht flattern sogar die ersten Kündigungen rein? Trotzdem müssen Sie sich immer wieder neu motivieren. Schließlich liegt das Unternehmen in Ihren Händen und das wollen Sie ja nicht einfach so wegschmeißen? Sie sollten sich deshalb immer wieder aufs Neue motivieren. Wie Sie das schaffen? Halten Sie sich vor Augen, wieso Sie das alles machen. Wieso wollten Sie unbedingt ein eigenes Unternehmen aufbauen? Was macht Ihre Selbstständigkeit so besonders? Motivation, Ehrgeiz und Belastbarkeit, das sind die drei Faktoren, die Ihnen auf Ihrem Weg als Selbstständiger andauernd begegnen werden.

DER WEG ZUR GESCHÄFTSIDEE

Eine Existenzgründung kann sehr anstrengend sein. Doch bevor das Thema Recht auf Sie zukommt, sollten Sie sich erst Gedanken über die passende Geschäftsidee machen. Doch nicht jede Idee eignet sich gleich als Geschäftsidee. Nicht jede Idee verspricht wirtschaftlichen Erfolg. Bevor Sie zu viel Energie in eine sinnlose Idee vergeuden, können Sie mithilfe einiger Punkte schon im Vorfeld prüfen, ob Ihre Idee für den Erfolg geschaffen ist. Eine Geschäftsidee ist nämlich der erste Schritt der Existenzgründung UND sie bildet das Fundament eines Businessplans, den Sie natürlich auch noch für Ihre

Existenzgründung benötigen und dementsprechend ausarbeiten müssen.

Ihre Idee muss nicht komplett neu sein, um mit Ihrem neuen Unternehmen Erfolg zu haben. Wirkliche Neuheiten, also Ideen, die noch keiner auf den Markt gebracht hat, sind normalerweise Seltenheit. Bei Ihrer Idee kommt es also auf die Planung und Umsetzung an. Nehmen Sie sich ruhig die Zeit, die Sie brauchen, um Ihre Idee zur Selbständigkeit zu prüfen. Natürlich können Sie auch eine bestehende Idee eines anderen Geschäftskonzepts gegen eine Gebühr übernehmen. Das Prinzip Franchising ist derzeit sehr beliebt, sodass Sie durch dieses Prinzip ebenso eine gute Geschäftsidee finden können.

Wollen Sie lieber Ihre eigene Idee entwickeln? Dann können Ihnen vielleicht diese kreativen Techniken zur Ideenfindung weiterhelfen. Der Klassiker der Kreativitätstechnik ist vermutlich das Brainstorming. Bei dieser Technik steht die Findung von neuen oder sehr außergewöhnlichen Ideen im Vordergrund. Auch kann diese Technik möglicherweise genutzt werden, um sich einem Problem zu nähern, ein Produkt weiterzuentwickeln oder seine Kreativität anzuregen. Um das Brainstorming so effektiv wie möglich zu gestalten, sollten Sie mehrere kreative Köpfe zu Rate ziehen. Oft kommen so noch ganz andere Dinge zum Vorschein. Beim Brainstorming werden also möglichst außergewöhnliche und viele Ideen gesammelt.

Auch kann die bekannte Walt-Disney-Methode zur Findung Ihrer Geschäftsidee weiterhelfen. Bei dieser Methode soll Ihre Vorstellungskraft gestärkt und Ihre Fantasie angeregt werden. Eine gute Möglichkeit zur klassischen Ideenfindung. Man schlüpft in der Regel in die Rolle des Träumers und versucht kreative Ideen zu entwickeln. Danach taucht man in die Rolle des Realisten, um die

Umsetzbarkeit der Idee zu prüfen. Zum Schluss übernimmt man die Rolle des Kritikers, um die Risiken und Schwächen ausfindig zu machen. Zuerst wird also geträumt - die Ideen werden entwickelt. Erst danach prüft man die Geschäftsidee. Das Ziel dieser Technik ist eindeutig. Man soll aus den klassischen Denkstrukturen ausbrechen und seinen Blickwinkel ändern, um auf neue Ideen zu kommen.

Doch es gibt noch viele andere Möglichkeiten, um die perfekte Geschäftsidee zu finden und auszuarbeiten. Auch kann manchmal eine Mindmap sehr hilfreich sein, um seine Gedanken zu strukturieren. Eine Sache steht jedoch fest: Sie müssen mit Ihrer Idee nicht die Welt neu erfinden. Allerdings sollten Sie bei Ihrer Ideenfindung stets auf Ihren Kunden eingehen. Was will Ihr Kunde überhaupt?

Um Ihre Geschäftsidee zu überprüfen, benötigen Sie noch keine umfangreichen Berechnungen und komplizierten Strategien. Dabei geht es in erster Linie erst einmal darum zu klären, welche Produkte oder Dienstleistungen überhaupt angeboten werden sollen. Außerdem sollte die Frage nach der Zielgruppe beantwortet werden können. Können Sie diese simplen Fragen beantworten, sollte Ihnen schnell klar werden, ob der Markt für Ihre Idee zur Existenzgründung geeignet ist. Natürlich sollten Sie die technischen und rechtlichen Aspekte nicht völlig außer Acht lassen. Oft ist in einer Geschäftsidee nämlich ein Wettbewerbsvorteil begründet, den Sie eventuell schützen lassen müssen.

Eine gute Idee ausfindig zu machen ist gar nicht so schwer. Viele Geschäftsideen entstehen dabei aus einer Situation, die schief gelaufen ist. Hat etwas mal nicht funktioniert, als man selbst eine Dienstleistung in Anspruch genommen hat? Wichtig ist hier natürlich, dass man sich umschaut und die Fehler findet, sodass man sie in seinem eigenen

Unternehmen verhindert. Schauen Sie sich um, denn es ist alles nur eine Frage der Betrachtungsweise.

Hat man erst einmal eine Geschäftsidee gefunden, ist es jedoch noch lange nicht die Garantie für ein erfolgreiches Unternehmen. Um ehrlich zu sein macht die Geschäftsidee nur fünf Prozent des Erfolges aus. Es kommt nämlich vielmehr auf die Umsetzung an. Nur so kann man irgendwann davon ausgehen, dass ein Unternehmen auch auf Dauer erfolgreich ist. Der Anfang ist natürlich besonders wichtig. Geht man motiviert und strukturiert an die Sache heran, ist das der richtige Weg zum Erfolg. Fakt ist: Wir alle fangen irgendwann mal an einem Punkt an und wissen nicht, wo wir ankommen werden. Der einzige Fehler, den wir bei der Existenzgründung machen können: Nicht zu starten. Gehen Sie einfach den Weg, der für Sie stimmig ist.

Wer am Anfang Fehler macht, der versagt nicht. Wer Fehler macht, hat die Chance aus diesen zu lernen und es beim nächsten Mal besser zu machen. Versagen ist dementsprechend eine innere Einstellung. Wer anfängt sich eine eigene Existenz aufzubauen, der sollte von erfolgreichen Menschen lernen. Versuchen Sie Kontakt zu schon langjährigen Unternehmern aufzubauen und ein gewisses Know-how zu sammeln. Machen Sie sich mit einzelnen Schritten zur Unternehmensführung vertraut. Natürlich müssen Sie dafür viel Zeit investieren. Die Zeit ist der beste Ausgangspunkt, um Erfahrungen zu sammeln. Lassen Sie sich helfen und nehmen Sie den Rat von erfolgreichen Unternehmern an. Versuchen Sie zu erkennen, welche Dienstleistungen oder Produkte Sie anbieten wollen, die Mehrwert schaffen und nachhaltig sind.

Arbeiten Sie im Team

Der Weg in die absolute Selbstständigkeit ist schwer. Aus diesem Grund sind die meisten Unternehmer erst einmal nebenberuflich selbstständig. Diese nehmen natürlich erst einmal weniger Geld ein. Das führt wiederum dazu, dass Sie sich keine teuren Berater zur Existenzgründung leisten können. Sie müssen sich also auf andere Experten verlassen. Doch gerade die Menschen, die nebenberuflich selbstständig sind, suchen die Veränderung und würden deshalb auch hohe Risiken eingehen, die mit einem Unternehmen verbunden sind. Meist sind es die Menschen, die gute Geschäftsideen haben, die kreativ sind und offen für neue Dinge sind.

In manchen Wachstumsbereichen ist es zudem einfacher, eine gute Geschäftsidee zu finden. In diesen Bereichen ist der Vorteil, dass die Kunden aktiv nach Lösungen suchen. Der Markt ist nämlich noch nicht völlig ausgeschöpft und entwickelt sich stetig weiter. Viele gute Geschäftsideen können in den Bereichen Gesundheit und Fitness, Beziehung und Dating, sowie Geld und Business gefunden werden. Momentan ist es in diesen Bereichen noch sehr gut möglich, Nischen zu finden, in denen man unentdeckt sein Geschäftsmodell entwickeln, es aufbauen und langsam vergrößern kann. Wichtig bei der Umsetzung Ihrer Geschäftsidee ist ein perfekt eingespieltes Team. Es ist nämlich immer wichtig, sich Feedback einzuholen. Das ist nicht nur ein guter Ausgangspunkt für die Arbeit am eigenen Selbst, es erweitert auch den Blickwinkel auf manche Dinge. Ein Team aus klugen Köpfen ist jedoch auch in schwierigen Phasen eine gute Sache, da sie mit motivierenden Worten wieder mehr Energie verschaffen können.

Ein anderer Punkt ist außerdem, dass man zusammen als Team wesentlich kreativer ist. Auch können die ausgewählten Menschen bei finanziellen Engpässen eine gute Hilfe sein, denn auch in solchen Momenten stehen sie einem zur Seite und helfen. Bei der Auswahl des

Teams sollten Sie natürlich unbedingt darauf achten, dass es Menschen sind, die zu 100% verlässlich sind. Sie sollten an Sie glauben und Sie immer unterstützen. Auch untereinander sollte das kleine Team sympathisieren. Kleine Streitereien dürfen in diesem Team natürlich nicht vorkommen.

Gehen Sie auf Reisen

Sie kennen es vielleicht auch, dass Sie nach einer Reise immer sehr motiviert sind und viele neue Ideen mit nach Hause bringen. Sie haben wieder neue Energie. Deswegen sollten Sie, wenn Sie nach einer guten Geschäftsidee suchen und wenn Sie die Chance haben, losziehen und reisen. Auf Reisen erhält man viele neue Eindrücke, die inspirieren und motivieren. Gehen Sie nicht immer den Weg des typischen Touristen. Seien Sie spontan und nutzen Sie mal andere Pfade. Bringen Sie gute Geschäftsideen aus einem anderen Land zu sich nach Hause. Schauen Sie sich doch mal die großen Marken Hello Fresh, eBay und Zalando an. All diese Unternehmen haben mit einer einfachen Geschäftsidee angefangen.

Sind Sie noch immer auf der Suche nach der passenden Geschäftsidee, sollten Sie sich nur zwei Fragen stellen: Welches Problem der Menschen wollen Sie versuchen zu lösen? Wären die Menschen dafür bereit, ihr Geld auszugeben? Wenn Sie sich mit Ihrer Idee nicht sicher sind, dann ist das kein Weltuntergang. Starten Sie hingegen lieber mit dem Brainstorming. Ihr Team wird Sie mit Sicherheit unterstützen und versuchen mit Ihnen ein funktionierendes Produkt zu erstellen. Eine gute Geschäftsidee ist jedoch erst der Anfang. Das Grundgerüst zu erstellen ist immer noch der einfachste Part. Das Geschäftsmodell zu verändern, bis daraus ein gut funktionierendes und erfolgreiches Unternehmen wird, ist der kompliziertere Part. Ihre

Vision bleibt zwar, allerdings verändert sie sich täglich ein bisschen. Es ist ein permanenter Fluss, der sich stetig weiterentwickelt.

Selbstständigkeit bedeutet SELBST und STÄNDIG. Beginnt man mit einer Existenzgründung, wird man Dinge tun, die man noch nie vorher getan hat. Wieso das so ist? Die meisten Dinge, die wir erledigen, liegen nämlich in unserer Komfortzone.

Verlässt man seine Komfortzone, erlebt man Sachen oder Aufgaben, die Sie in jedem Fall weiterbringen. Müssen Sie schwierige Kunden kontaktieren, Menschen auf der Straße ansprechen oder eine andere Sache erledigen, bei der Sie über Ihren Schatten springen müssen, treten Sie aus Ihrer Komfortzone. Sie haben in diesem Moment Ihre Angst besiegt und können einen ganz neuen Weg einschlagen. Halten Sie sich immer vor Augen: Sie sind das Unternehmen. Sie müssen sich weiterentwickeln, denn so entwickelt sich auch das Unternehmen weiter. Aus diesem Grund sollten Sie also kontinuierlich an sich arbeiten. Sind Sie konsequent, werden Ihre Mitarbeiter es auch sein – ebenso wie Ihre Kunden.

BUSINESSPLAN

Haben Sie die perfekte Geschäftsidee ausgearbeitet, können Sie nun mit dem Businessplan beginnen. Die Erstellung eines solchen Plans ist sehr wichtig für die Vorbereitung einer Existenzgründung. Niemand sollte so ein großes Projekt starten, wenn er nur eine mangelhafte Planung vorweisen kann. Denn eine schlechte Planung führt sehr oft zum Scheitern von Unternehmensgründungen. In einem Businessplan sollte das Geschäftsmodell präzise beschrieben werden, außerdem sollten strategische und betriebswirtschaftliche Zielsetzungen festgehalten werden. Einen Finanzplan zu erstellen ist ebenfalls vonnöten. Auch sollte die Beantragung von öffentlichen Fördergeldern nicht in den Hintergrund gestellt werden.

Ein Businessplan umfasst im Allgemeinen 20 bis 30 Seiten. Auch sollte ein Plan mit detaillierten Angaben zur Vermögens-, Finanz- und Ertragslage enthalten sein. Mit Hilfe dieses Plans kann festgestellt werden, ob die Durchführung der Geschäftsidee überhaupt möglich ist. Auch kann das wirtschaftliche Potenzial überprüft werden. Doch nicht nur wichtige Geschäftszahlen und Unternehmensziele werden in einem Businessplan festgehalten, auch werden einzelne Daten zu den Themen Gründung, Firmenübernahme oder Investition aufgezeichnet. Bevor Sie allerdings mit einem Businessplan beginnen, sollten Sie den Zweck des Plans bestimmen. Es muss also eine klare Bestimmung der Zielgruppe und die Funktion des Businessplans festgehalten werden.

Benötigt man als Existenzgründer finanzielle Hilfe, ist der Businessplan für die Banken unverzichtbar. Anhand eines Businessplans kann der Geldgeber einen Eindruck über die Seriosität bekommen und dann entscheiden, ob die Bank dem Existenzgründer Geld leihen wird. Ebenso kann man mit öffentlichen Mitteln eine Förderung beantragen. Allerdings ist der Businessplan auch in diesem Fall ein gutes Aushängeschild. Den Businessplan stellt man als Existenzgründer jedoch nicht nur für die Banken und zur Förderung durch öffentliche Mittel auf. Am Wichtigsten ist dieser Plan für den, der sein eigenes Unternehmen gründet, also der Gründer selbst. Mit Hilfe des Plans kann der Gründer sich nämlich selbst mit allen wichtigen Fragen auseinandersetzen und sich so intensiv mit der Gründung des Unternehmens beschäftigen.

Wer einen Businessplan erstellen will, sollte sich an einer Gliederung oder besser gesagt an einer Vorlage orientieren. Zuerst sollte man eine kleine Zusammenfassung der Geschäftsidee niederschreiben. Nach einigen Vorgaben sollte diese Zusammenfassung ungefähr zwei bis drei Seiten umfassen. Sachlich und interessant sollten Sie Ihre Geschäftsidee beschreiben und sich somit die Aufmerksamkeit der Leser sichern. Nach der detaillierten Beschreibung sollten Sie den Gründer oder das Gründerteam vorstellen.

Der Gründer einer Idee ist sehr entscheidend. Die Persönlichkeit sagt meist sehr viel über den Erfolg einer Unternehmensgründung aus. Bei der Vorstellung sollte auf jeden Fall ein aktueller Lebenslauf enthalten sein. Auch sollten diverse Qualifikationen und Erfahrungen beigelegt werden, damit die Investoren, Geschäftspartner oder Banken sich einen Überblick über die Gründungsperson verschaffen können. Ist diese Person verlässlich? Kann man dieser Person vertrauen? Diese Fragen sollten durch den Lebenslauf beantwortet werden.

Des Weiteren sollte die Geschäftsidee in dem Businessplan näher erläutert werden. Zu einer detaillierten Darstellung gehören auch Informationen zur Produktherstellung sowie die verschiedenen Produktionsweisen, die Kostenstrukturen und die Produktpreise und die Gewinnmargen. Bei den Kostenstrukturen wird natürlich ganz besonders auf die Einkaufs- und Herstellungskosten geachtet. Wichtig demnach ist vor allem die Darstellung des Nutzens, die mit Ihrer Geschäftsidee für die Kunden verbunden ist.

Ein Businessplan sollte außerdem eine Analyse des Marktes beinhalten. Bestimmen Sie Ihren Zielmarkt mit seinen charakteristischen Merkmalen in einem kurzen und präzisen Text. Außerdem sollte eine Beschreibung der Größe des relevanten Marktes der Kundenzahl und der erwarteten Absatzmenge und des Umsatzvolumens in dem Businessplan enthalten sein. Gehen Sie zudem auf die Stärken und Schwächen der Mitbewerber ein, um sich von den anderen abheben zu können. Wenn Sie einen Businessplan erstellen, sollten Sie daran denken Ihre Annahmen zur Umsatzplanung möglichst genau zu belegen und mit passenden Argumenten plausibel zu machen. Das verstärkt die Überzeugung Ihres Plans.

Der nächste Punkt sind die Unternehmensziele. In diesem Kapitel des Businessplans müssen Sie die Ziele Ihres zukünftigen Unternehmens möglichst genau beschreiben. Präsentieren Sie Ihre definierten Ziele und möglichen Meilensteine auf Ihrem Weg dorthin. Konzentrieren Sie sich bei diesem Abschnitt eher auf die wesentlichen Dinge. Haben Sie eventuell einen Umbau geplant? Wann genau soll die Geschäftseröffnung stattfinden? Haben Sie ein Erweiterungsvorhaben? Stellen Sie übersichtlich dar, welche Ziele Ihr Unternehmen erreichen soll.

Auch das Marketing spielt eine sehr große Rolle, wenn Sie eine neue Existenz gründen wollen. Wenn Sie also einen Businessplan erstellen, werden Sie auf einen Marketingplan nicht verzichten können. Dieser Plan hat ebenso eine sehr wichtige Rolle. Sorgen Sie also dafür, dass es für Ihr Unternehmen beziehungsweise für Ihre Geschäftsidee einen Markt gibt, der gewinnbringend ist. Im Businessplan müssen Sie jedoch nicht Ihren ganzen Marketingplan präsentieren. Neben der Marktanalyse sollte ein vollständiger Marketingplan die Bestimmung der Marketingziele, die Ableitung von Marketingstrategien, den Einsatz von Marketinginstrumenten und die geplanten Aktivitäten der Marketingkontrolle umfassen.

Ein weiterer Punkt des Businessplans sollte die Beschreibung der Rechtsform sein. Auch die Eigentümer und Anteilsstrukturen sollten klar definiert werden. Gibt es irgendwelche Besonderheiten des Unternehmens, dann sollten Sie diese natürlich auch präzise erläutern.

Schreiben Sie außerdem auf, ob Sie die Einstellung von Personal planen oder ob Sie eher an freien Mitarbeitern interessiert sind. So kann der Erfolg Ihres Unternehmens ebenfalls besser eingeschätzt werden.

In einem Businessplan sollte zudem ein detaillierter Finanzplan enthalten sein. Dieser sollte aus einem Umsatzplan, einem Kostenplan, einem Liquiditätsplan, einem Finanzierungsplan, einem Investitionsplan und aus einem Rentabilitätsplan bestehen. In dem Umsatzplan sollten Sie die angestrebten Netto-Umsätze eintragen. Der Kostenplan zeigt die fixen und die variablen Kosten. Die Höhe der Kosten wird dabei von dem Produktionsvolumen bestimmt. Auch sollten Sie in dem Kostenplan Ihre Kosten für die Gründung mit einplanen. Dazu gehören zum Beispiel die Kosten des Notars, sowie sämtliche Lizenzen und Zulassungen. Auch die Kosten für die Beratung der Unternehmensgründung gehören in diesen Plan.

Der Liquiditätsplan hingegen stellt die Umsätze und Kosten dar, in denen die Einnahmen und Ausgaben sich ankündigen. Das Rechnungsdatum und das Datum des Zahlungseinganges liegen oft weit auseinander. Dieser Plan weist also die Differenz zwischen den Einnahmen und Ausgaben auf.

Der Finanzierungsplan gibt dagegen Auskunft darüber, wie Sie Ihren ermittelten Kapitalbedarf abdecken - mit Eigenkapital oder mit Fremdkapital?

Haben Sie zudem Investitionen geplant, dann stehen diese geplanten Dinge im Investitionsplan. Aus diesen geplanten Investitionen kann man dann die voraussichtlichen Abschreibungen für die kommenden Jahre errechnen. Zu diesen Aufwendungen zählen die Anschaffung von Geschäfts- und Büroräumen, Fahrzeugen, Maschinen oder sonstige Wirtschaftsgüter.

Zum Schluss werden im Rentabilitätsplan die erwarteten Umsätze den ermittelten Kosten gegenübergestellt. Wird festgestellt, dass in Zukunft kein ausreichender Überschuss zusammenkommt, sollten Sie die einzelnen Pläne besser noch einmal überprüfen. Sind Sie vielleicht in der Lage noch mehr Kosten einzusparen?

Neben einem detaillierten Finanzplan sollte auch eine SWOT-Analyse im Businessplan enthalten sein. Mit dieser Analyse sind Sie in der Lage Ihre Unternehmenssituation zu untersuchen und eine Unternehmensstrategie ausarbeiten. SWOT setzt sich aus den englischen Wörtern Strength, Weakness, Opportunity und Threat zusammen. Diese Wörter bedeuten auf Deutsch Stärke, Schwäche, Gelegenheit und Bedrohung. Bei dieser Analyse versuchen Sie zuerst die Stärken und Schwächen des Unternehmens zu ermitteln.

Im Anschluss strukturieren Sie diese. Im nächsten Schritt sollten Sie die Chancen und die Gefahren auflisten. Welche Gefahren könnten Ihnen und Ihrem Unternehmen begegnen? Gibt es eventuell Risiken, die sich aus einer ungewissen Marktentwicklung ergeben? Haben Sie irgendwelche Produktvorteile gegenüber der Konkurrenz? Droht Ihnen jemand mit einer Vertragskündigung? All diese Chancen und Risiken können Sie mit der SWOT-Analyse ausfindig machen. Wenn Sie alle Informationen aufgelistet haben, sollten Sie überlegen, wie Sie Ihre Stärken verbessern und Ihre Schwächen minimieren können.

Ein Businessplan ist wichtig für eine Existenzgründung. Wenn Sie die folgenden Tipps beachten, dann wird garantiert nichts mehr schief gehen. Wenn Sie einen Businessplan erstellen, sollten Sie sich in den Leser hineinversetzen. Stellen Sie sich vor, Sie haben als Banker einen Businessplan vor sich liegen und sollen nun entscheiden, ob das Unternehmen einen Kredit bekommt oder eben nicht. Worauf werden Sie wohl zuerst achten? Auf die Finanzen des Unternehmers. In diesem

Fall müssen Sie den Businessplan so erstellen, dass die Finanzen klar und deutlich aufgelistet sind.

Der erste Eindruck zählt, das trifft natürlich auch auf Ihren Businessplan zu. Sorgen Sie dafür, dass Ihr Plan über ein ansprechendes Design verfügt. Außerdem sollten Sie auf eine passende Gliederung und einen verständlichen Schreibstil achten. Um besser auf Ihr Zielpublikum eingehen zu können, sollten Sie sich diverse Marktstudien durchlesen. Außerdem sollten Sie stets darauf achten, dass die Zahlen und allgemein die vorläufige Prognose realitätsnah und in jedem Fall schlüssig sind.

Um die Banken von sich zu überzeugen, sollten Sie großen Wert auf die Besonderheiten Ihres Unternehmens legen. Versuchen Sie die Einzigartigkeit des Unternehmens so besonders wie möglich darzustellen. Machen Sie in jedem Fall deutlich, wie sich Ihre Produkte gegenüber den Produkten Ihrer Konkurrenz abheben. Weisen Sie auf die einzigartigen Merkmale hin und fördern Sie Ihre Alleinstellungsmerkmale.

Auch wenn Sie zur Anfangszeit vermutlich viel neues Equipment benötigen, sollten Sie versuchen Ihre finanzielle Belastung niedrig zu halten. Überlegen Sie auf jeden Fall, welche Investitionen nötig sind und vermeiden Sie eine übermäßige finanzielle Anfangsbelastung. Sind Sie sich teilweise nicht sicher, was die Erstellung Ihres Businessplans angeht, sollten Sie Kontakt mit diversen Beratungsstellen aufnehmen. Diese werden Ihnen helfen einen Businessplan zu erstellen. Außerdem werden die Beratungsstellen Sie auch bei weiteren Fragen zu den Themen Handwerkskammer, Industrie- und Handelskammer, sowie allgemein zum Thema Existenzgründung unterstützen.

Ohne Businessplan wird eine erfolgreiche Existenzgründung einfach nicht gelingen. Es ist und bleibt einfach ein unverzichtbarer Plan, der die Geschäftsidee entwickelt und überprüft. Wer einen Kredit für seine Existenzgründung benötigt, ist der Businessplan eine Grundvoraussetzung. Alle formalen und inhaltlichen Ansprüche sollten dann natürlich erfüllt sein. Mit Hilfe des Plans können Sie Ihre Idee nochmals überprüfen und strukturieren. So können Sie schnellstmöglich diverse Fehlentwicklungen erkennen und verhindern.

Gründen

GRÜNDUNGSWEGE

Es gibt viele Wege, um eine Existenz zu gründen. Der meist gewählte Weg ist die Neugründung. Gründet man ein neues Unternehmen, ist man vollkommen frei. Sie können selbst bestimmen, wie Sie Ihr neues Unternehmen aufbauen wollen. Wie möchten Sie Ihren Berufsalltag gestalten? Wie soll Ihre Geschäftsidee aussehen? Wie viele Angestellte wollen Sie beschäftigen? All diese Fragen können Sie selbst beantworten, weil Sie der Gründer des Unternehmens sind. Allerdings erwartet eine Neugründung ein hohes Maß an Disziplin, Kraft und jede Menge Fachwissen.

Auch ein gut kalkulierter Businessplan sollte von jedem Neugründer gestaltet werden. Der Start eines Unternehmens mag holprig und schwer sein, deswegen ist viel Durchhaltevermögen gefragt. Möglicherweise wurden Beziehungen zu Kunden und Geschäftspartnern noch gar nicht aufgebaut, sodass Sie erst einmal eine gut strukturierte Strategie entwickeln müssen. Marketing und Vertrieb sollte bei einer Neugründung natürlich ganz oben auf der Liste stehen, da dieses Vorhaben sehr viel Arbeit bedeutet. Denn: Hat man keine Kunden oder Geschäftspartner, kann man keine Gewinne erzielen.

Übernehmen Sie einen Betrieb, sind Sie der Nachfolger. Als Nachfolger fangen Sie natürlich nicht bei null an. Sie übernehmen einfach ein bestehendes Unternehmen. Dabei übernehmen Sie natürlich auch den Kundenstamm und die Mitarbeiter. Einen Nachfolger für sein Unternehmen zu finden, kommt heutzutage auch sehr oft vor. Gehen einige Gründer zum Beispiel in Rente, wollen sie natürlich den perfekten Nachfolger für ihr Unternehmen finden. Allerdings läuft nicht jede Übernahme erfolgreich ab. Viele übernehmen ein bestehendes Unternehmen und müssen danach feststellen, dass der Vorgänger ein großes Loch hinterlassen hat. Oder aber ein erfahrener Unternehmer, der für dieses Unternehmen gelebt hat, verlässt den Betrieb. Wollen Sie das Niveau halten, dann ist das auf jeden Fall kein leichter Weg. Bevor Sie einen Betrieb übernehmen, sollten Sie diesen genau unter die Lupe nehmen. Ist das Unternehmern immer und überall gut angekommen? Wieso soll das Unternehmen überhaupt veräußert werden? Welche Verpflichtungen warten auf Sie?

Wenn Sie sich selbstständig machen wollen, aber einfach keine geeignete Geschäftsidee finden, ist das überhaupt gar kein Problem. Franchising ist hier das passende Stichwort. Über Franchise erwerben Sie einfach ein festgelegtes Geschäftsmodell von einem Unternehmen. Dabei profitieren Sie natürlich auch vom Image, dem Bekanntheitsgrad und dem Fachwissen. Bei Gründung bleiben Ihnen so einige Startschwierigkeiten erspart. Doch auch dieses Prinzip hat seine Tücken.

Neben der Erwerbung der Lizenz müssen Sie auch noch eine Einstandsgebühr bezahlen. Außerdem müssen Sie einen Teil Ihrer Einnahmen wieder abgeben. Auch sind Sie in Ihrer Position als Unternehmen nicht vollkommen frei, denn beim Franchising haben Sie nur wenig Spielraum für Entscheidungen. Viele Dinge werden im Voraus vertraglich geregelt. Auch wenn Sie die Idee eines anderen Unternehmens übernehmen, ist das jedoch noch lange keine Garantie dafür, dass Sie erfolgreich sein werden. Aus diesem Grund sollten Sie vorher das Unternehmen sehr genau unter die Lupe nehmen.

Wenn Sie sich alleine nicht so sicher sind und Sie lieber ein Team um sich haben, können Sie Ihre Existenzgründung auch im Team vornehmen. Das Gründen im Team kann ein sehr großer Vorteil sein, denn die ganze Verantwortung und das Risiko lasten nicht allein auf Ihnen. Sie teilen sich die Arbeit auf, sodass jeder etwas zu tun hat. Außerdem können Sie sich auch die Finanzierung untereinander teilen, dann hätten Sie auch weniger finanzielle Belastung. Auch kann es gut sein, dass Ihre Teammitglieder Wissen aus verschiedenen Bereichen mitbringen. Das Wichtigste ist, dass Sie sich gut ergänzen. Ist der eine technisch begabt, sollte der andere sich kaufmännisch sehr gut auskennen.

Je unterschiedlicher die Aufgabenbereiche sind, desto besser ergänzen Sie sich. Allerdings kann eine Partnerschaft auf sehr anstrengend sein. Halten Sie sich vor Augen, dass diese Partnerschaft von Dauer sein sollte. Diese Partnerschaft sollte also Stress und einigen Meinungsverschiedenheiten standhalten können. Sie sollten das gleiche Ziel vor Augen haben und die gleichen Vorstellungen für Ihr gemeinsames Unternehmen. Ebenso sollten Sie eine ähnliche Leistungsbereitschaft mitbringen, sodass kein Ungleichgewicht entsteht.

Sollten Sie sich nebenberuflich selbstständig machen wollen, dann sind Sie mit Ihrem Vorhaben in Deutschland nicht alleine. Mehr als die Hälfte aller Gründer sind nämlich nebenberuflich selbstständig. Sie haben noch einen festen Job, den Sie nämlich aufgrund der Sicherheiten lieber nicht aufgeben wollen. Das finanzielle Risiko ist mit einem festen Arbeitgeber sehr gering. Doch auch die nebenberufliche Selbstständigkeit hat einen Haken. Eine solche Selbstständigkeit kann auf Dauer zu einer großen Belastung führen. Um sein Unternehmen voranzutreiben müssen Sie nämlich ganz schön viel Zeit investieren und das ist mit einem festen Angestelltenverhältnis nicht immer leicht.

Sind Sie momentan arbeitslos und wollen aus der Arbeitslosigkeit eine neue Existenz gründen, müssen Sie einige Voraussetzungen erfüllen, damit die öffentlichen Förderprogramme Ihnen zur Verfügung stehen. Außerdem gibt es noch andere spezielle Hilfen der Bundesagentur für Arbeit, die Sie weiterbringen können. Jeder Existenzgründer würde zudem einen Gründungszuschuss oder eben das Einstiegsgeld bekommen.

Egal wie Sie zu Ihrer Existenzgründung kommen, Sie sollten dafür geeignet sein. Überlegen Sie sich gut, ob Sie von sich aus auf die Idee gekommen sind. Waren Sie Ihr eigener Antrieb, um sich selbstständig zu machen? Suchen Sie schon seit Jahren nach der Möglichkeit ein eigenes Unternehmen zu gründen? Fakt ist: Sie sollten sich sicher sein.

Ist der einzige Grund, warum Sie noch zögern, die Unsicherheit, können Sie sich bei der Vorbereitung Ihres Vorhabens von Unternehmensberatern helfen lassen. Allerdings sollten Sie immer vor Augen haben, dass diese Beratungen kostenpflichtig sind. Je nach Bundesland können Sie sich jedoch Zuschüsse geben lassen. Manche Bundesländer bieten sogar kostenlose Beratungen an, diese sollten Sie dann natürlich, um Geld einzusparen, nutzen.

RECHT & VERTRÄGE

Bevor Sie mit einer Existenzgründung starten, sollten Sie sich natürlich auch Gedanken über die Rechtsform Ihres Unternehmens machen. Mit einer Rechtsform bestimmen Sie das Verhältnis der Gesellschafter untereinander. Auch legen Sie damit fest, wer Geschäftsführer wird und wie viele Entscheidungen die einzelnen Gesellschafter treffen dürfen. Für die Kunden ist das natürlich eher Nebensache. Die Kunden interessieren sich eher über die Haftung eines Unternehmens. Sie interessieren sich dafür, ob Sie für verursachte Schulden des Unternehmens auch persönlich haften oder eben nicht.

Der größte Unterschied von Kapital- oder Personengesellschaften liegt in der Haftung. Einzelunternehmer und Personengesellschaften haften zum Beispiel für Schulden gegenüber Kunden nicht nur mit dem Gesellschaftsvermögen, sondern auch mit ihrem Privatvermögen. Bei Kapitalgesellschaften sieht das etwas anders aus, denn bei diesen Gesellschaften ist die Haftung beschränkt. Bei den Kapitalgesellschaften haften die einzelnen Gesellschafter nur in Höhe ihrer Einlage. Jedoch gibt es auch bei diesem Thema einige Ausnahmen, bei denen der Geschäftsführer oder die Gesellschafter doch privat haften müssen. Auch spielt die Tatsache eine Rolle, ob Sie alleine oder mit Partnern eine Existenz aufbauen wollen.

Für welche Rechtsform Sie sich im Endeffekt entscheiden, hängt natürlich auch von Ihrer Tätigkeit ab. Werden Sie als Gewerbetreibender oder als Freiberufler eingeordnet? Gewerbetreibende und Freiberufler sind zwar beide selbstständig, allerdings ist nicht jeder Selbstständige sofort ein Freiberufler oder muss ein Gewerbe anmelden. Der Status eines Freiberuflers umfasst eine kleine Gruppe, die in §18 im EStG beschrieben ist. Zu dieser Gruppe werden die sogenannten Katalogberufe gezählt. Dazu gehören selbstständig ausgeübte wissenschaftliche, künstlerische, schriftstellerische, unterrichtende oder erzieherische Tätigkeiten, Ärzte, Zahnärzte, Tierärzte, Anwälte, Notar, Steuerberater und noch viele andere Berufe. Ein Gewerbetreibender wiederum ist jeder Selbstständige, der keinen Katalogberuf ausübt. Für Freiberufler gibt es sogar noch spezielle Rechtsformen bezüglich der Haftungsbeschränkung.

Gewerbetreibender ist jeder, der ein Unternehmen gründet. Sie sind Kaufleute und müssen Ihre Tätigkeit dementsprechend im

Handelsregister eintragen lassen. Folgende Rechtsformen kommen für einen Gewerbetreibenden in Frage: Einzelunternehmen, die Offene Handelsgesellschaft (OHG), die Gesellschaft mit beschränkter Haftung (GmbH), die Unternehmergesellschaft (haftungsbeschränkt), die GmbH & Co. KG, die Kommanditgesellschaft (KG) und die Aktiengesellschaft (AG).

Allerdings gibt es auch noch die Möglichkeit sich als Kleingewerbetreibender anzumelden. In diesem Fall sind Sie zwar auch ein Kaufmann, jedoch brauchen Sie Ihr Unternehmen nicht im Handelsregister eintragen lassen. Dieser Vorgang ist natürlich sehr praktisch, wenn Ihr Unternehmen noch sehr klein ist. Als Kleingewerbetreibende kommen folgende Rechtsformen in Frage: Einzelunternehmen und die Gesellschaft bürgerlichen Rechts (GbR).

Freiberufler gehören, wie vorher schon erwähnt, nicht zu den Gewerbetreibenden. Als Freiberufler müssen Sie Ihr Vorhaben ebenfalls nicht in das Handelsregister eintragen lassen. Überlegen Sie als Freiberufler eine Existenz zu gründen, dann sind folgende Rechtsformen möglich: Einzelunternehmen, Gesellschaft bürgerlichen Rechts (GbR), Partnerschaftsgesellschaft (PartG) und die Partnerschaftsgesellschaft mit beschränkter Berufshaftung (PartG mbB).

Auch zu diesem Thema können Sie das große Informationsangebot der Industrie- und Handelskammer nutzen. Besonders wichtig zu wissen, ist außerdem, dass die Entscheidung für eine Rechtsform finanzielle, steuerliche und rechtliche Auswirkungen auf Ihr Unternehmen hat. Suchen Sie sich zur Not einen Rechtsanwalt und einen Steuerberater, diese können Sie ebenso sehr gut beraten und vielleicht noch die einen oder anderen Tipps geben. Wenn Sie sich mit der Entscheidung Ihrer Rechtsform irgendwann nicht mehr wohlfühlen sollten, können Sie natürlich jederzeit die Rechtsform wechseln. Die Anforderungen Ihres Unternehmens werden sich auf Dauer ändern, daher ist die Entscheidung für eine bestimmte Rechtsform nie endgültig.

Verträge

Für alle Gründer sollten Verträge eine wichtige Rolle spielen. Es werden immer wieder Verträge auf Sie zukommen, die anders behandelt werden. Da wären die Mietverträge, die Kaufverträge oder auch die Arbeitsverträge, die Ihnen mit Sicherheit noch öfter über den Weg laufen werden. Im Folgenden können Sie einiges über verschiedene Vertragsarten und deren Abwicklung lesen, denn auch beim Kaufvertrag kann mal etwas schief laufen.

Was sollte ein Vertrag alles enthalten? Ein Vertrag sollte -ganz klar- die Vertragsparteien enthalten, denn sonst würde man gar nicht wissen, wer daran beteiligt ist. Auch sollten der Vertragsgegenstand, die Laufzeit, die Kündigungsfristen, die Zahlungs- und Lieferbedingungen, sowie Strafen bei Vertragsbruch. Dabei brauchen nicht alle Dinge im Vertrag stehen, sie können auch mündlich vereinbart werden. Allerdings gilt das natürlich nur für Dinge des täglichen Gebrauchs. Andere Verträge müssen dringend schriftlich vereinbart werden. Teilzahlungsgeschäft, Darlehensverträge, Grundstücksübereignungen oder Belastungen von Grundstücken sind ein paar Beispiele, die sogar notariell beurkundet werden müssen.

Auch gesellschaftliche Verträge müssen natürlich schriftlich festgehalten werden. Welche Verträge sich an eine bestimmte Form halten müssen, ist gesetzlich geregelt. Wer einmal einen Vertrag abgeschlossen hat, der muss sich natürlich auch daran halten. Dabei sollte jeder Vertragspartner genau darauf achten, dass er die Abmachungen im Vertrag auch einhalten kann. Da nicht alle Verträge schriftlich vereinbart werden müssen, wird es oft im Streitfall schwierig die Richtigkeit der Nachweise festzustellen. Daher wird dringend empfohlen den Vertrag irgendwie schriftlich festzuhalten.

Wenn man sich die passenden Räume gesucht hat und endgültig entschieden hat, von wo aus das Unternehmen betrieben werden soll, nimmt für die meisten Existenzgründer der Traum Gestalt an. Die meisten mieten sich die passenden Räume für ihr Unternehmen. Allerdings sind diese Mietverträge etwas anders gestaltet, als bei gewöhnlichen Wohnraummietverträgen. Wenn man einen Geschäftsraum mietet, muss dieser Vertrag schriftlich festgehalten werden. Außerdem muss im Vertrag niedergeschrieben werden, welche Art des Betriebs die Geschäftsräume mieten will. Auch wenn sich im Laufe der Zeit Änderungen des Betriebs ereignen, muss geprüft werden, ob die einzelnen Angaben im Vertrag noch zutreffend sind oder sogar angepasst werden müssen. Ist der Mietvertrag nun endlich gültig, darf der Vermieter dem Mieter keine Konkurrenz verschaffen.

Er darf also keine anderen Geschäftsräume auf dem gleichen Grundstück an ähnliche Unternehmen vermieten. Auch auf dem Nachbargrundstück darf er keine anderen Geschäftsräume vermieten. Um den Druck der Konkurrenz zu vermeiden, sollte man möglichst genau den Mietzweck angeben. Auch in Sachen Mietpreis läuft es im Gewerbemietrecht anders ab, als im Wohnraummietrecht. In diesem Fall gibt es im Gewerbemietrecht keine gesetzlichen Bestimmungen für Mietanpassungen. Wenn sich die Mietbedingungen ändern sollten, können vom Mieter und Vermieter Anpassungen vorgenommen werden.

Noch wichtiger sind für Existenzgründer natürlich die Kaufverträge. Beim Kaufvertrag kann es um jede Sache gehen. Man kann ein Auto, ein Produkt, eine Dienstleistung oder andere Dinge kaufen. Auch kann man Rechte, Lizenzen oder Marken erwerben. Nicht immer kommt es auf die materiellen Güter an. Sogar ganze Unternehmen können käuflich erworben werden. Allerdings kommt es auch häufig vor, dass etwas beim Kauf schief gelaufen ist. Sollte ein Käufer nach Erwerb eines Gegenstandes feststellen, dass der Gegenstand nicht im einwandfreien Zustand ist, kann er die Ware reklamieren. Der Käufer hat also einen verschuldensunabhängigen Anspruch auf Erfüllung. Er hat also das Recht auf eine mangelfreie Ware. Es spielt dabei keine Rolle, ob der Verkäufer den Mangel verursacht hat oder eine andere Person.

Ein Mangel liegt dann vor, wenn die tatsächliche Beschaffenheit von der vereinbarten Beschaffenheit abweicht, der Gegenstand von Angaben in der Werbung abweicht oder der Gegenstand von dem Verkäufer falsch zusammengebaut wurde. Ist ein Mangel aufgetreten, hat der Kunde das Recht auf Nacherfüllung. Allerdings kann der Verkäufer in diesem Fall einschreiten, wenn die Kosten für diese Nacherfüllung zu hoch ausfallen sollten. Natürlich kann der Käufer auch den Rücktritt vom Kauf erklären, aber nur dann, wenn die Ware einen erheblichen Mangel aufweist.

Will der Käufer die Ware trotz Mangel unbedingt behalten, kann er eine Minderung des Kaufpreises fordern. In diesem Fall muss der Käufer einen geringeren Kaufpreis zahlen und darf die Ware so behalten, wie er sie bekommen hat. Ist der Verkäufer Schuld am Mangel einer Ware, kann der Käufer sogar auf Schadenersatz bestehen. Dieses Szenario tritt dann auf, wenn der Verkäufer vorsätzlich oder fahrlässig gehandelt hat und die erforderliche Sorgfalt außer Acht lässt.

Fakt ist: Geschlossene Verträge sind einzuhalten. Hat der Käufer einen Fehlkauf getätigt, muss er auch die Lasten tragen. Allerdings sieht es beim Kauf im Internet ein wenig anders aus, denn dort haben die

Kunden meistens eine Widerrufsfrist von ungefähr 14 Tagen. In diesem Zeitraum kann der Käufer entscheiden, ob er die Ware behält oder ob er sie ohne Angabe von Gründen wieder zurückschickt.

Die Rechten und Pflichten des Kunden resultieren aus den gesetzlichen Verpflichtungen der Händler. Eine Garantie zählt allerdings nicht zu den Verpflichtungen. Eine Garantie kann freiwillig gegeben werden, daher ist sie eine sogenannte Kulanzvereinbarung mit dem Käufer. In jedem Fall übernimmt der Hersteller oder der Verkäufer die Haftung für den gekauften Gegenstand, wenn er nicht in Ordnung sein sollte. Jeder Verkäufer sollte daher die Ware auf das kleinste Detail überprüfen, bevor man eine Garantieerklärung abgibt. Das damit verbundene finanzielle Risiko sollte somit klar sein.

Auch Befristungsverträge können geschlossen werden. Dieser Vertrag kann für beide Vertragsparteien sehr nützlich sein und Unsicherheiten können vermieden werden. Betrachtet man nämlich eine kurze Kündigungsfrist, kann es entweder viel Flexibilität bedeuten, oder es kann allerdings auch mehr Unsicherheit bedeuten. Wächst das Unternehmen unfassbar schnell, kann die Kündigung sofort eingereicht und in kürzester Zeit ein größeres Büro beansprucht werden.

Wenn Ihre Kunden eine bereits getroffene Vereinbarung falsch verstanden haben, besteht immer noch die Möglichkeit, den Vertrag anzufechten. Eine Anfechtung bewirkt, dass der Vertrag als nichtig gewertet wird.

Was jedes Unternehmen unbedingt braucht ist eine allgemeine Geschäftsbedingung. In dieser niedergeschriebenen Erklärung legen Sie konkret die Bedingungen fest, zu denen ein Vertrag wirksam werden soll. Der Geschäftsverkehr wird durch eine allgemeine

Geschäftsbedingung wesentlich vereinfacht, ohne einen Vertragspartner zu benachteiligen. Außerdem kann man die Haftung einer Fahrlässigkeit so ein wenig beschränken. Sie sollten jedoch darauf achten, dass die allgemeinen Geschäftsbedingungen –kurz AGB- verständlich formuliert sind. Sollte ein Vertragsabschluss elektronisch erfolgen, müssen Sie darauf achten, dass dem Kunden die AGB rechtzeitig mitgeteilt werden. Der Kunde muss die Geschäftsbedingungen abrufen und abspeichern können. Für einige Branchen gibt es sogar schon vorgefertigte Geschäftsbedingungen, die aber nicht immer unverändert übernommen werden können. Nicht alle Geschäftsabläufe sind nämlich in jedem Unternehmen gleich.

Nach dem allgemeinen Gleichbehandlungsgesetz müssen Unternehmen außerdem dafür sorgen, dass alle gleich behandelt werden. In diesem Fall dürfen Sie keine Kunden oder Vertragspartner diskriminieren. Jeder Mensch ist gleich und darf auf keinen Fall wegen seiner Religion, seines Geschlechts oder Alters, seiner Rasse und Behinderung, sowie seiner ethnischen Herkunft verurteilt oder anders behandelt werden.

Datenschutz

Wenn Sie eine Existenz gründen und planen Ihren Kunden etwas zu verkaufen oder eine Dienstleistung erbringen wollen, gehen Sie mit dem Kunden ein Vertragsverhältnis ein. Um einen Vertrag erfolgreich abschließen zu können, brauchen Sie allerdings noch ein paar Daten Ihres Kunden. Sie benötigen den Namen, die Anschrift und möglicherweise auch die Telefonnummer. Weitere Angaben sind nicht zwingend notwendig und somit nicht erforderlich für den Vertragsabschluss. Um die grundlegenden Daten zu speichern, benötigen Sie keine gesonderte Einwilligung Ihres Kunden. Für weitere Daten brauchen Sie allerdings eine Einwilligung des Kunden. Kam es zum Vertragsabschluss und sollten Sie keine gesetzlichen Gründe mehr zur Aufbewahrung der Daten haben, sollten Sie die Daten unverzüglich löschen.

Benötigen Sie noch weitere Daten, müssen die Kunden eine Einwilligungserklärung verfassen. Natürlich können Ihre Kunden dieser Erklärung jederzeit widerrufen. Damit jeder Kunde darüber Bescheid weiß, müssen Sie ihnen mitteilen, zu welchem Zweck Sie die Daten des Kunden benötigen und verarbeiten wollen. Die Einwilligung der Kunden muss zudem auch geprüft werden, ob die den Anforderungen nach der DSGVO entsprechen. Wurden die Anforderungen nicht erfüllt, müssen sie neu eingeholt werden.

Auch die Informationspflichten müssen von Ihnen eingehalten werden. Den Namen und die Kontaktdaten des Verantwortlichen und die Daten des Vertreters, sowie des Datenschutzbeauftragten müssen natürlich für den Kunden ersichtlich sein. Dann muss jedem Kunden der Zweck der Verarbeitung und die Rechtsgrundlage deutlich gemacht werden. Noch wichtig zu wissen ist, wie lange Sie die Daten speichern werden und dass der Kunde das Recht auf Auskunft, Berichtigung, Löschung, Einschränkung der Verarbeitung, Widerspruchsrecht und das Recht auf Datenübertragbarkeit besitzt. Außerdem hat jeder Kunde das Recht auf Widerruf der Einwilligung.

Diese und noch weitere Informationspflichten müssen gegenüber dem Kunden erfüllt werden. Wurden die Informationen nicht bei den Kunden erhoben, muss eine genaue Quelle angegeben werden, woher die Daten stammen. Auch wenn Sie als frisch gebackener Unternehmer eine Internetpräsenz besitzen, müssen Sie Ihren Nutzern mitteilen, ob und welche Cookies Sie auf Ihrer Website verwenden. In diesem Fall ist es wichtig zu wissen, ob Sie einen Dienstleister dafür benutzen, der möglicherweise im Drittland seinen Sitz hat. Denn in diesem Fall müssen Sie sich absichern, ob Sie die Daten der Kunden über die EU-Standardvertragsklauseln einfach so in ein Drittland weitergeben dürfen.

In manchen Fällen kann es vorkommen, dass Sie Lieferanten haben, von denen Sie auch Daten speichern müssen. Diese Daten fallen entweder unter das Vertragsverhältnis oder Sie benötigen auch in diesem Fall eine Einwilligung zur Sicherung der allgemeinen Daten. Natürlich müssen Sie auch hier einen Zweck der Sicherung angeben.

Sollten Sie sich überlegen ein paar Mitarbeiter einzustellen, sollten auch diese bezüglich der Datenschutzverordnung aufgeklärt werden. Unter anderem sollten die Mitarbeiter darüber aufgeklärt werden, in welchem Maße die private Nutzung von E-Mails und des Internets erfolgen darf. Wenn Sie es erlauben, können Sie es gleich mit einer Einwilligung zur Gestattung regelmäßiger Kontrollen verbinden, sodass keiner gegen die arbeitsrechtlichen Pflichten verstoßen kann. Holen Sie sich eine schriftliche Einwilligung, die Ihre zukünftigen Mitarbeiter auf die Vertraulichkeit von Daten verpflichten und sie auf den Datenschutz hinweisen.

Wenn Sie die Daten Ihrer Kunden speichern dürfen, sollten Sie sich auch über die Vertraulichkeit dieser Daten bewusst sein. Sie sollten in jedem Fall dafür sorgen, dass Unbefugten der Zutritt zu Ihren Datenverarbeitungsanlagen verwehrt wird, sodass Sie keinerlei Zugriff auf die personenbezogenen Daten haben. Auch sollte alles Mögliche unternommen werden, um Unbefugten eine Zugangskontrolle zu verweigern, um eine Nutzung der Datenverarbeitungssysteme auszuschließen. Außerdem sollten Sie Maßnahmen vollziehen, dass nur diejenigen auf die Daten zugreifen können, die von Ihnen eine

Zugriffsberechtigung bekommen haben. Unbefugten dürfen die Daten weder lesen, kopieren, verändern oder entfernen.

Wenn Sie Daten abgespeichert haben, die unterschiedlichen Zwecken dienen, müssen Sie sie zudem getrennt verarbeiten – die Trennungskontrolle.

Während Sie die persönlichen Daten auf dem elektronischen Weg übertragen, sollten Sie sicherstellen, dass während des Transports nicht ohne Erlaubnis gelesen, kopiert, verändert oder entfernt wird. Diese Weitergabekontrolle sollten Sie auch bei der Übertragung auf einen Datenträger beachten. Auch sollten Sie stets darauf achten, dass alle Floskeln, die Sie in Ihrer Datenschutzerklärung verwenden, in zumutbarer Weise verstanden werden können. Haften Sie für diese Daten, indem Sie Maßnahmen vollziehen, die gewährleisten, dass personenbezogene Daten gegen einen Verlust oder einer zufälligen Zerstörung geschützt sind. Die Daten sollten jederzeit auffindbar sein und so gesichert sein, dass sie bei eventuellem Verlust auch wieder hergestellt werden können.

FINANZIERUNG

Wer sich eine eigene Existenz aufbauen will, der benötigt meistens ein wenig Startkapital. Nicht jeder hat vielleicht die Möglichkeit genug Geld anzusammeln, deshalb ist es besonders in der Startphase sehr schwer über die Runden zu kommen. Zum Startkapital gehören allerdings nicht nur die kommenden Investitionen des Unternehmens, auch müssen die eigenen Lebenshaltungskosten einkalkuliert werden. Diese Kosten dürfen auf keinen Fall vergessen werden. Will man ein neues Unternehmen aufbauen, fallen die Einkünfte am Anfang sehr gering aus.

Bei einer Existenzgründung ist die beste Quelle, um an Geld zu kommen, das Eigenkapital. Möchte man sich zusätzlich einen Kredit bei der Bank aufnehmen, sollte das Eigenkapital nicht unter 20 Prozent liegen. Damit signalisieren Sie der Bank, dass auch Sie für Ihr unternehmerisches Risiko verantwortlich sein wollen. In den meisten Fällen reicht das Eigenkapital allein nämlich nicht aus, um ein ganzes Unternehmen auf die Beine zu stellen. Viele Gründer und Gründerinnen gehen zur Bank ihres Vertrauens, um den Rest mit Fremdkapital zu finanzieren. Junge Unternehmen und Gründer bekommen allerdings nicht die gleichen Konditionen wie Großunternehmen. Aus diesem Grund bieten Bund und Bundesländer spezielle Programme zur Förderung junger Unternehmen an. Sie bieten den Gründern damit einen Zugang zum Kapitalmarkt, um für Gleichheit zu sorgen.

Dennoch gelingt der Start mit einem gewissen Eigenkapital wesentlich einfacher. Denn: Gründer benötigen noch relativ überschaubare Summen. Sie müssen auf jeden Fall Ihr Equipment kaufen, die ersten Werbemaßnahmen ergreifen und die ersten Monate finanziell klarkommen. Diese Finanzierungen sind mit Eigenkapital wesentlich unkomplizierter. Sollte das geplante Vorhaben nämlich doch scheitern, müssen Sie wenigstens keine Restschuld bei der Bank begleichen. Sollten Sie neben Ihrem Eigenkapital dennoch Geld von der Bank benötigen, nimmt die Bank es immer positiv auf, wenn Sie ein wenig Eigenkapital mitbringen. Natürlich reicht nicht nur das Eigenkapital aus, denn auch die Geschäftsidee muss bei der Bank punkten. Manche Kreditinstitute setzen sogar voraus, dass Eigenkapital vorhanden ist.

Die erste Anlaufstelle wird die Hausbank sein, wenn Sie einen Kredit aufnehmen wollen. Diese Bank wird Sie am besten kennen und Sie somit gut einschätzen können, was Ihre Bonität betrifft. Zuerst wird die Hausbank das Vorhaben von Ihnen bewerten. In diesem Fall hoffen wir darauf, dass Sie sich bei Ihrem Businessplan viel Mühe gegeben haben. Natürlich gibt es immer mal die Möglichkeit, dass die Bank Ihn einen Kredit verwehrt, wenn Ihnen das Konzept nicht gefällt. Die Bank kann allerdings auch vorschlagen, dass besondere Fördermittel von der KfW beansprucht werden. Falls die Bank, aufgrund Ihrer Bonität, Ihnen keinen Kredit gewährt, kann das sehr problematisch für Sie und Ihr Unternehmen werden.

Denn dann fallen auch noch andere Finanzierungsoptionen weg. Falls nur Ihr Konzept nicht ausreicht, besteht immer noch die Möglichkeit es zu verbessern. Das Konzept kann nämlich, nach Rücksprache mit der Bank, ergänzt oder gänzlich neu gestaltet werden. Sollte die Bank Ihr neues Konzept annehmen, steht einer Existenzgründung nichts mehr im Weg. Wichtig ist nur, dass Sie für die Startphase genügend Kapital aufbringen können, um auch die Lebenshaltungskosten zu decken. Sie sollten sehr gut kalkulieren, damit keine Nachverhandlungen nötig sind und Sie dem ganzen Stress nicht erneut ausgesetzt sind. Als Existenzgründer haben Sie schließlich schon genug zu tun.

Sollte die Bank in Betracht ziehen einige Fördermittel zu aktivieren, läuft auch diese Abwicklung über die Hausbank. Zur Verfügung gestellt werden die Fördermittel von der KfW oder den Landesbanken. Diese Banken stellen dann Programme zu möglichst niedrigen Zinskonditionen zusammen. Teilweise setzt die Tilgung eines solchen Darlehens sogar erst später ein, sodass die Gründer sich erst auf die wesentlichen Dinge konzentrieren brauchen. Von dem Darlehen können dann die Gründung, Investitionen und Betriebsmittel finanziert werden. Sollten Sie sich für eines der Förderprogramme entscheiden, wird sich Ihre Hausbank um alles Weitere kümmern.

Wenn Sie kein Eigenkapital besitzen, können Sie Ihre Gründung auch mit Bürgschaften finanzieren. Sollte Ihre Hausbank Ihr Konzept nicht ausreichend finden oder gewährt die Bank Ihnen aufgrund Ihrer Bonität keinen Kredit, wird Sie eine Bürgschaft zur Absicherung des Risikos fordern. Das kann eine persönliche Bürgschaft von Menschen mit ausreichender Bonität sein oder eine dingliche Bürgschaft in Form von Wertpapieren oder sonstigen Mitteln. Vor dem Gespräch mit der Bank sollten Sie abklären, ob jemand aus Ihrem Bekanntenkreis möglicherweise für eine Bürgschaft in Frage kommt. Sollten Sie das im Voraus schon geklärt haben, kann das bei der Bank die Verhandlungen erleichtern.

MARKETING & VERTRIEB

Haben Sie die Finanzierung gesichert, können Sie mit den nächsten Schritten der Existenzgründung beginnen. Sind Sie sich wirklich sicher, dass Sie ein geeignetes Konzept entwickelt haben? Sind Sie überzeugt, dass Menschen Ihre Produkte oder Dienstleistungen kaufen würden? Gibt es genug Menschen, die bereit sind, dafür Geld zu bezahlen? Können Sie alle Fragen mit JA beantworten, sollten Sie sich nun etwas genauer um das Marketing und den Vertrieb Ihres Unternehmens kümmern.

Zeigen Sie Ihrer Zielgruppe, worauf es bei Ihnen ankommt. Kommunizieren Sie mit Ihren bestehenden Kunden und versuchen Sie neue Kunden zu gewinnen. Nur so kann Ihr Unternehmen wachsen und Geld einbringen. Um den Kunden Ihre Produkte oder Dienstleistungen näherzubringen, sollten Sie sich über ein Marketingkonzept Gedanken machen. Kunden wollen überzeugt und nicht mit offensiver Werbung angegriffen werden. Mit der richtigen Marketingstrategie finden Sie heraus, welches Produkt oder welche Dienstleistung zu welchem Preis verkauft werden sollte, über welchen Weg sie vertrieben werden sollen und mit welcher Werbemaßnahme sie angeboten werden sollen. Es wäre doch zu schade, wenn niemand von Ihren Angeboten erfährt. Schließlich haben Sie sich so viel Mühe gegeben, um dorthin zu kommen, wo Sie jetzt gerade sind.

Werbung im Allgemeinen kostet sehr viel Geld und das haben Sie als Existenzgründer noch nicht. Ziel sollte also sein, dass Sie Geld einsparen und das können Sie zum Beispiel mit einer gut ausgearbeiteten Marketingstrategie. Geld einsparen können Sie, wenn Sie nur die Menschen ansprechen, die in Ihre Zielgruppe passen. Woher Sie wissen, welche Personen in Ihre Zielgruppe passen? Das sind die Menschen, die an Ihren Angeboten Interesse haben und sich deshalb als potenzielle Kunden eignen. Um die perfekte Strategie auszuarbeiten, sollten Sie sich am besten einen Marketingberater suchen. Der hilft Ihnen, sich auf eine geeignete Strategie festzulegen und sie anschließend in Werbemaßnahmen umzusetzen. Professionelles Marketing ist wichtig und genau aus diesem Grund wird die Zusammenarbeit mit einem Marketingberater gefördert.

Um mit Ihrem Unternehmen erfolgreich zu sein, sollten Sie eine passende Marketingstrategie entwickeln. Mit Hilfe dieser Strategie werden Sie Ihre gesetzten Marketingziele erreichen. Allerdings sollten Sie im Bereich Marketing auf einige Dinge achten:

Auf welchem Markt sind Sie tätig?

Wie wollen Sie den von Ihnen ausgewählten Markt bearbeiten?

Wie reagieren Sie auf weitere Konkurrenten?

Wie werden Sie den Markt aufgliedern?

Wie werden Sie Ihre Marktstrategie an die Bedürfnisse des Marktes anpassen?

Wie gehen Sie auf die Wünsche Ihrer Kunden ein?

Bevor Sie allerdings mit einer geeigneten Marktstrategie anfangen, sollten Sie eine interne und externe Marktanalyse vornehmen. Eine externe Marktanalyse zeigt, wie die momentane Situation auf dem Markt ist. Auch gibt sie einen kleinen Einblick über die Teilmärkte. Dabei wird besonders auf die Verbrauchermerkmale, wie die soziodemographischen, die psychographischen und die geographischen Aspekte, eingegangen. Auch können Sie dank der Marktanalyse einen kleinen Einblick über die Entwicklung des Marktvolumens, des Marktpotenzials und der Marktanteile der Konkurrenz bekommen.

Nach dem kleinen Einblick in den Markt, sollten Sie eine umfassende Konkurrenzanalyse machen. Diese Analyse gibt Aufschluss über die Aufstellung und Positionierung der Wettbewerbsprodukte, wie hoch die Vertriebsstärke ist, etc.. Allerdings erfahren Sie durch die Konkurrenzanalyse keine genaueren Informationen. Sie werden lediglich nur allgemeine Informationen bekommen, wie die Geschäftsberichte, simple Produktbeschreibungen, Kataloge, Preislisten und weiteres Prospektmaterial.

Auch sollten Sie eine Stärken- und Schwächen-Analyse machen. Diese Analyse erfährt man durch die Beschreibung der Absatzstruktur, der allgemeinen Preissituation, der Bewertung der Umweltfaktoren, des Images des Absatzermittlers beim Verbraucher und dem Marketing-Mix. Die Einflüsse der Umweltfaktoren sind deshalb so wichtig, da sie wichtige Veränderungen und Entwicklungen frühestmöglich erkennen können. Doch was genau sind die Umweltfaktoren? Da sind einmal die ökonomisch-technischen Aspekte, diese geben die Möglichkeiten der technischen Produktauslegung, der

Verkehrstechnik oder der Kommunikationstechnik wieder. Dann gibt es die ökologischen Aspekte, die zeigen, wie umweltfreundlich Ihr Unternehmen ist. Die sozialen oder die medialen Aspekte zeigen Veränderungen der soziodemographischen Strukturen auf und die rechtlichen und politischen Faktoren können Ihre Marketingstrategie direkt beeinflussen.

Aufgrund der Unternehmensziele lassen sich ganz leicht die Marketingziele ableiten. Aus diesem Grund sollten Sie auch eine interne Unternehmensanalyse durchführen. Ziele sollten Sie sich in jeden Fall setzen. Zielsetzungen sind extrem notwendig, um sich auf dem Markt positionieren zu können. Auch kann man sich dank der Zielsetzung perfekt auf dem Markt abgrenzen. Ihre Unternehmensziele präzisieren Sie, indem Sie sich Ihre Geschäftsidee ganz genau anschauen. Auch können Ihre Produkte, die Zielgruppe, Ihr Standort oder andere Dinge die Unternehmensziele festigen. Außerdem sollte jedes Ziel darauf abzielen, höchstmögliche Gewinne aus dem Verkauf von Produkten oder Dienstleistungen zu erwirtschaften. Diese Ziele sollten natürlich auf die Bedürfnisse der Kunden, der Gesellschaft und der Wirtschaftlichkeit abgestimmt sein.

Die Geschäftsidee ist ein wichtiger Baustein der Marketingstrategie. Allerdings dürfte Ihnen noch bekannt sein, dass die Geschäftsidee eine Abfolge einzelner Phasen ist. Die Geschäftsidee besteht aus einer Anfangsidee, die aufgenommen und mit der Zeit ausgearbeitet wird. Sie verformt sich im Laufe der Zeit und passt sich den Strukturen des wachsenden Unternehmens an. Auch spiegelt sich die Geschäftsidee in dem Produktlebenszyklus wider. Die heutige Zeit ist schnelllebig und kaum noch aufzuhalten. Aus diesem Grund ist auch die Lebensdauer der Produkte begrenzt. Wenn Sie die Nachfragezahlen verfolgen, können Sie die Produktion Ihrer Produkte ständig verbessern. Mit Hilfe einer Produktlebenszykluskurve können Sie den typischen Verlauf bei einer Produkteinführung darstellen.

Nähern wir uns den Marketingzielen, die sich aus den Unternehmenszielen ableiten lassen. Dank der Marketingziele sind Sie in der Lage sich Wettbewerbsvorteile zu verschaffen. In diesem Fall sollten Sie zwischen ökonomischen Zielgrößen und psychologischen Zielgrößen unterscheiden. Die ökonomischen Zielgrößen basieren auf der Umsatzgröße, den Gewinn, den Marktanteil, die Liquidität und weitere Dinge. Die psychologischen Zielgrößen beschäftigen sich mit der Kundenzufriedenheit, dem Markenimage und der Bekanntheit.

Mit Hilfe der Marketingstrategie sollten Sie Ihre vorher festgelegten Unternehmens- und Marketingziele erreichen können. Diese Ziele sind allerdings die Basis der Marketingstrategie. Sie merken schon, dass alle Faktoren sich gegenseitig stützen, um ein erfolgreiches Unternehmen zu gründen. Sie fragen sich schon die ganze Zeit, was die eigentlich die Aufgabe einer Marketingstrategie ist? Im Normalfall legt es den Handlungsspielraum für das Unternehmen fest. Auch sollten Sie sich mit Hilfe einer Marketingstrategie besser auf einen Zielmarkt fokussieren können. Dank der Strategie werden zudem klare Prioritäten festgelegt, was die vorhandenen Mittel und deren Verteilung angeht. Zum Schluss wird eine abschließende Erfolgskontrolle durchgeführt. Durch einen einfachen Soll-Ist-Vergleich lassen sich so die ersten Ergebnisse feststellen.

Bisher haben Sie sich nur um die interne Unternehmensanalyse gekümmert. Nun sollten Sie sich direkt auf Ihren Markt beschränken. Dabei können Sie frei entscheiden, für welche Marktbearbeitungsstrategie Sie sich entscheiden. Wählen Sie die

Herausforderungsstrategie, wollen Sie möglichst viele Marktanteile gewinnen. Dieses Ziel verfolgen Sie mit direktem Angriff auf den Marktführer. Bieten Sie in diesem Fall originellere Produkte, einen besseren Service oder sogar günstigere Preise an. Machen Sie der Konkurrenz deutlich, dass Sie genauso gut sein wollen, wie sie und ihre Produkte. Allerdings wollen Sie sich dabei immer ein Stück weit von Ihrer Konkurrenz differenzieren und abheben.

Wollen Sie die Marktmitläuferstrategie verfolgen, wollen Sie am Marktwachstum teilnehmen, ohne in den direkten Wettbewerb mit dem Marktführer zu treten. Bei der Marktführerstrategie wollen Sie die dominierende Marktführerposition halten. Allerdings sollten Sie einige Faktoren beachten, wenn Sie dieses Ziel erreichen wollen. Der Vergrößerung des Marktvolumens, der Verteidigung des erworbenen Marktanteils und der Vergrößerung des Marktanteils sollten Sie besondere Beachtung schenken.

Haben Sie die perfekte Strategie für Ihr Unternehmen erarbeitet, können Sie nun mit der Umsetzung beginnen. Der Marketing-Mix mit seinen vier Marketinginstrumenten setzt dabei Ihre zuvor ausgewählte Strategie in die Tat um. Schauen Sie sich daher mal folgende Faktoren etwas genauer an: Produktpolitik, Preispolitik, Distributionspolitik, Kommunikationspolitik. Diese vier Faktoren sind wichtige Instrumente, die aufeinander abgestimmt sein sollten.

Was genau ist die Produktpolitik? Die Produktpolitik bildet den wichtigsten Faktor zur Umsetzung der Marketingstrategie. Bei diesem Instrument kommt es auf die Produktgestaltung, die Sortimentsgestaltung und die Servicegestaltung an. Zuerst entscheiden Sie, welches Produkt genau Sie überhaupt anbieten wollen. Das müssen Sie übrigens nicht direkt bei der Existenzgründung wissen, denn dieser

Vorgang wird erst im weiteren Unternehmenszyklus perfekt ausgearbeitet. Sie können selbst entscheiden, ob Sie ein komplett neues Produkt gestalten, ein schon vorhandenes Produkt nachmachen oder sogar ein Produkt in Zusammenarbeit mit einem anderen Unternehmen entwickeln.

Sollten Sie schon eine gewisse Zeit im Geschäft sein, kann eine Veränderung der Produkte nicht schaden. Variieren Sie und verbessern Sie Ihre Wettbewerbsposition. Das lockt nicht nur mehr Kunden an, sondern trägt auch zum Erfolg des Unternehmens bei. Achten Sie bei Ihrer Produktvielfalt darauf, dass sie funktional, ästhetisch und symbolisch ist. Außerdem sollte jeder Kauf eine Zusatzleistung beinhalten, wie zum Beispiel eine Garantie oder einen Kundendienst. Stellen Sie mit der Zeit fest, dass manche Produkte keine Gewinne mehr einbringen, sollten Sie nicht lange zögern und diese vom Markt entfernen. Bestimmen Sie nach qualitativen und quantitativen Kriterien, ob ein Produkt in Ihrem Sortiment bleiben kann. Wie sieht die Rentabilität aus? Bringt das Produkt genug Umsatz? Haben sich die Bedürfnisse der Kunden geändert?

Innerhalb der Kommunikationspolitik sollten Sie Ihre Werbeziele so präzise wie mögliche beschreiben. Schließlich wollen Sie durch die Werbemaßnahmen auch Erfolg verzeichnen können, oder nicht? Wie funktionieren nun die Werbemaßnahmen? In erster Linie sollten Sie bei den Kunden den Kontakt suchen und herstellen. Dann sollten Sie sicherstellen, dass Ihre Werbebotschaft von der Zielgruppe aufgenommen wird. Sie sollten Verständnis erreichen und Emotionen erzeugen. Die Werbemaßnahmen sollten im Gedächtnis des Kunden tief sitzen. So können Sie nämlich davon ausgehen, dass die Leute über Sie und Ihr Unternehmen sprechen und viel Aufmerksamkeit erzeugt wird. Allerdings sollten Sie aufpassen, dass Sie bei der Werbung nicht zu viele Informationen auf einmal vermitteln wollen. Das kann zu hoher Informationsbelastung führen. Wie die Werbung durch den Kunden aufgenommen wird, hängt allerdings vom Kunden selbst ab. Ist er zum Zeitpunkt sehr emotional oder informativ eingestellt? Auch hängt es davon ab, wie oft Sie die Werbung wiederholen lassen. Wird es dem Kunden irgendwann zu nervig, wird er Ihre Werbung vermutlich komplett ignorieren.

Ziel ist es, nach außen und nach innen, ein unverwechselbares Unternehmensbild zu erschaffen. Kunden sollten sofort erkennen können, wofür Ihr Unternehmen steht. Das interne Leitbild sollte dementsprechend motivieren. Mit Kommunikationsinstrumenten übermitteln Sie Ihre Werbung. Da gibt es einmal die Above-the-Line-Kommunikation und die Below-the-Line-Kommunikation. Die Massenkommunikation ist unter Above-the-Line-Kommunikation zu verstehen. Die Zielgruppe ist sehr distanziert und ziemlich breit gefächert.

Diese Werbung wird meistens über Funk und Fernsehen vertrieben. Printanzeigen, Außenwerbung, Schaufenster, Kinowerbung und Verpackungen gehören auch zu der Massenkommunikation. Bei der Below-the-Line-Kommunikation spricht man die Kunden eher direkt an. Das Event-Marketing, diverse Gespräche auf Messen oder anderen Veranstaltungen, das Direktmarketing und die Verkäufer-Käufer-Interaktion zählen zu dieser persönlichen Kommunikation. Sie können natürlich beide Varianten der Kommunikation anwenden, allerdings sollten Sie dabei stets auf Ihr Budget achten.

Auch die Preispolitik ist ein wichtiger Faktor. Dieser Bereich beschäftigt sich mit der Festlegung der Preise, der Preisdurchsetzung und mit den Liefer- und Zahlungsbedingungen. Wollen Sie Ihre Preise das erste Mal kalkulieren, können Sie sich am magischen Dreieck orientieren. Das magische Dreieck besteht aus der nachfrageorientierten, kostenorientierten und der konkurrenzorientierten Preisfestlegung. Bei der nachfrageorientierten Preisfestlegung richten Sie sich ganz nach dem Kunden. Analysieren Sie sein Preisverhalten, indem Sie einige notwendige Aspekte im Bezug auf die Kaufentscheidung berücksichtigen. Zugegebenermaßen können Sie sich auch nach der kostenorientierten Preisfestlegung richten. Bei diesem Prinzip müssen Sie die Preise auf Grundlage der anfallenden Kosten des Produktes festlegen. Sie errechnen also den Nettopreis aus, indem Sie die variablen Kosten, den Fixkostenanteil und einen passenden Gewinnaufschlag addieren. Im Anschluss rechnen Sie noch die Mehrwertsteuer hinzu, um den tatsächlichen Verkaufspreis zu bekommen.

Bei der konkurrenzorientierten Preisfestlegung richten Sie sich vollkommen nach den Preisen der Konkurrenz. Überprüfen Sie alle Preise der Konkurrenz aus der gleichen Branche und ermitteln Sie den Durchschnittspreis. Welche Preise Sie im Endeffekt nehmen, entscheiden allein Sie. Allerdings sollten Sie sich bewusst machen, dass die festgelegten Preise immer Einfluss auf Ihren unternehmerischen Erfolg haben. Es liegt an Ihnen, ob Sie Ihre Preise niedrig, mittel oder hoch einstufen. Je nach Preislage sind unterschiedliche Imageeffekte vorprogrammiert. Wollen Sie eher eine Niedrigpreislage schaffen, spricht das für eine recht gute Qualität, eine breite Verteilung von Waren und einen offensiven Marktauftritt. Wollen Sie sich lieber in der mittleren Preislage einordnen, gehen Ihre Kunden davon aus, dass Ihre Produkte eine überdurchschnittliche Qualität aufweisen und Sie eine breite Anerkennung am Markt besitzen.

Verfügen Sie über sehr hochwertige Produkte, sollten Sie sich in die Hochpreislage einordnen. Die Kunden erwarten eine Spitzenqualität, neueste Technik und ein anspruchsvolles Design. Außerdem setzen Sie eine gewisse Seriosität voraus.

Verkaufen Sie keine handelsüblichen Produkte oder Dienstleistungen, können Sie ruhig Ihre Preise differenzieren. Um höhere Gewinne einzufahren, sollten sie nämlich keine Einheitspreise festlegen. In diesem Fall können Sie Ihre Preise ruhig nach Personen, Region, Zeitpunkt, Kaufmengen oder Leistungsunterschieden anpassen.

Haben wir den Begriff der Preispolitik nun geklärt, sollten Sie natürlich auch noch etwas über die Distributionspolitik erfahren. Dieses Verfahren legt fest, wie Ihre Produkte zum Endkunden gelangen. In diesem Fall müssen Sie den Absatzweg wählen, das Absatzorgan bestimmen und sich Gedanken über die Logistik machen. Ziel der Distributionspolitik ist, dass Sie Ihr Produkt oder Ihre Dienstleistung schnell zur Verfügung stellen können. Auch sollten Sie stets Einfluss auf die Vermarktung und Präsentation haben, um die Vertriebskosten zu senken. Hierzu müssen Sie eventuell Lager-, Transport- und Personalkosten minimieren.

Wie soll Ihr Produkt den Kunden erreichen? Hier können Sie zwischen dem direkten und dem indirekten Vertrieb wählen. Wollen Sie Ihre Produkte über einen Zwischenhändler vertreiben, dann ist das der indirekte Weg zum Kunden. Dieser Absatzweg eignet sich besonders für Groß- und Einzelhändler, die eine große Zielgruppe haben oder deren Zielgruppe sehr weitläufig ist. Über einen Onlinehandel, eine Niederlassung oder beim Direktverkauf, können die Produkte direkt an den Kunden gebracht werden. Der direkte Vertrieb eignet sich besonders dann, wenn Sie Ware anbieten, die schnell verderblich ist, Sie besonders erklärungsbedürftige Produkte haben, Sie nur einen kleinen Kundenkreis haben oder Sie Dienstleistungen anbieten.

Auch eignet sich der direkte Vertrieb, wenn Sie Gegenstände mit hohem Wert verkaufen oder Ihre Produkte sehr empfindlich sind, was den Transport betrifft. Der Vertrieb ist sehr wichtig, da erst durch ihn die Produkte zur Verfügung gestellt werden. Sind Ihre Produkte für Ihre Zielgruppe zugänglich, können Sie Einnahmen erzielen.

Mit einer Vertriebsstrategie können Sie Ihre Vertriebsziele erreichen. Dazu müssen Sie Ihre Zielkunden wählen und strukturieren, Ihre Kundenbeziehungen festlegen, Ihre Wettbewerbsvorteile ausarbeiten, die Vertriebswege und allgemein den Prozess bestimmen und Rahmenbedingungen für die Konditionen und die Preispolitik vorgeben. Wenn Sie die Vertriebsstrategie ausarbeiten, müssen Sie dieses auf Basis der Zielgruppen-, Markt- und Wettbewerbsanalyse tun. Eine Sache muss Ihnen dabei aber klar sein: Die Vertriebsstrategie muss relativ flexibel sein!

Haben Sie sich schon darüber Gedanken gemacht, wie Sie Ihre Produkte verkaufen wollen? Eine gute Möglichkeit ist die exklusive Variante. In diesem Fall besprechen Sie mit einem oder mehreren Einzelhändlern einige Dinge, sodass Sie der einzige Händler im Umkreis sind, welcher Ihre Produkte verkaufen darf. Bei der intensiven Variante verkaufen Sie Ihre Produkte an so viele Einzelhändler wie möglich. Die Händler haben so die Möglichkeit eine große Auswahl an verschiedenen Marken und Produkten anzubieten. Zu guter Letzt wäre die selektive Variante eine gute Möglichkeit, seine Produkte zu vertreiben. Bei dieser Variante wird nur eine bescheidene Menge Ihrer Produkte von ausgewählten Einzelhändlern verkauft. Allerdings verkaufen diese Einzelhändler auch konkurrierende Marken.

Wie Sie Ihre Produkte vertreiben legen Sie jedoch nicht nur auf Basis verschiedener Analysen fest, Sie sollten bei der Wahl Ihres Vertriebsweges auch auf Ihr Produkt selbst achten. Wollen Sie den direkten Kundenweg nutzen, können Sie kundenorientiert handeln und direkt Kundeninformationen sammeln. Zwischenhändler werden beim direkten Vertrieb ausgespart. Viel mehr treten Handelsvertreter und Vertriebsmitarbeiter mit Ihnen in Kontakt. Ist das der Fall, haben Sie immer einen Überblick über die Kosten der Preis- und Werbegestaltung.

Natürlich können Sie Ihre Produkte auch über einen Versandhandel vertreiben. Mit diesem Prinzip erreichen Sie geographisch verteilte Kunden. Diese Kunden können dann rund um die Uhr einkaufen. Allerdings sollten Sie sich für die Kunden des Versandhandels regelmäßige Aktionen einfallen lassen. Wie wäre es mit gezielten Rabatten? Oder vielleicht einem monatlichen Newsletter? Der Vorteil eines Versandhandels ist zudem, dass sich die allgemeinen Kosten, wie Ladenmiete, Personal und alle anderen Investitionen, reduzieren. Sollten Sie sich für einen Versandhandel entscheiden, können Sie mit nützlichen Statistiktools die Bewegungen Ihrer Kunden in Ihrem Onlinehandel verfolgen.

Danach können Sie Ihren Laden dementsprechend optimieren und perfekt auf Ihre Kunden abstimmen. Aber auch ein Onlinehandel birgt ein paar Schwierigkeiten. Sie müssen zum Beispiel immer davon ausgehen, dass der Kunde die Ware zurückschickt. Möglicherweise hat ihm die Ware nicht gefallen oder sie passt einfach nicht. Um ein paar Missverständnisse zu vermeiden, sollten Sie ihren Produkten deshalb stets hochwertige Bilder und ausführliche Beschreibungen zuordnen. Ein negativer Punkt ist zudem die Lieferzeit. Möchte der Kunde die Ware sofort haben, kann man diese Wünsche meist nicht erfüllen. Die

Folge kann sein, dass der Kunde sich doch gegen die Ware entscheidet. Deswegen sollten Sie einen Sofortversand anbieten, damit der Kunde zügig seine Ware in den Händen hält.

Der jedoch am häufigsten gewählte Vertriebsweg ist der Direktvertrieb. Der Direktvertrieb erfolgt bei einem persönlichen Verkauf in einem Geschäft oder beim Erbringen einer Dienstleistung in einer Wohnung. Der Kunde kann also direkt mit dem Verkäufer oder Dienstleister kommunizieren und sich beraten lassen. Doch nicht immer muss jemand vor Ort sein, denn ein Direktvertrieb kann auch mit einem digitalen Kommunikationsinstrument stattfinden. Was hat das für Vorteile, wenn man keinen Zwischenhändler hat? Ohne Zwischenhändler ist es definitiv einfacher sich Stammkundschaft aufzubauen, da man im direkten Kontakt mit den Kunden steht. Außerdem kann direkt auf die Bedürfnisse des Kunden eingegangen werden, indem Sie sie individuell beraten. Noch ein anderer Vorteil ist, dass Sie stets die Vertriebskontrolle bis zum Endverbraucher haben. So können Sie sicher sein, dass Ihre Ware unversehrt bei den Kunden ankommt. Wählen Sie diesen Vertriebsweg, werden Sie höchstwahrscheinlich nur Ihre eigenen Produkte anbieten. Der größte Nachteil des direkten Vertriebes sind die Kosten. Die Ausgaben fallen wesentlich höher aus, da mehr Gehälter an die Vertriebsmitarbeiter gezahlt werden müssen. Die Vertriebsmitarbeiter müssen zudem regelmäßig geschult werden, was die Kosten ebenso in die Höhe schnellen lässt.

Neben dem direkten Vertrieb durch persönlichen Kontakt mit dem Kunden, gibt es noch eine weitere Möglichkeit seine Ware an den Endverbraucher zu bringen: Der indirekte Vertrieb. Beim indirekten Vertrieb werden die Produkte über verschiedene Zwischenhändler verkauft. Geringe Vertriebskosten, geringe Kapitalkosten und die

Nutzung von bestehenden Geschäftsbeziehungen sprechen für einen indirekten Vertrieb. Allerdings müssen Sie auch damit rechnen, dass Sie eine geringere Handelsspanne erhalten. Auch haben Sie fast gar keine Kontrolle über die Kundendienstleistung oder die Preis- und Werbegestaltung. Wenn Sie Ihren Vertrieb durch einen Zwischenhändler organisieren, müssen Sie außerdem damit rechnen, dass die Kundeninformationsbeschaffung erschwert wird.

Es kann nämlich immer mal wieder vorkommen, dass die Zwischenhändler die Informationen verlieren. Sie sind vermutlich nicht das einzige Unternehmen, welches mit dem Zwischenhändler kooperiert und deswegen wissen Sie auch nicht, wie die Einstellung zu Ihrem Unternehmen ist. Aus diesem Grund sollten Sie unbedingt einen Vertrag bezüglich der Treue und der Verschwiegenheitspflicht machen.

Einen Großhandel kann man zum Beispiel als Zwischenhändler bezeichnen. Er kauft also Ihre Produkte und vertreibt sie weiter. Es gibt ein paar Vorteile, die den Vertrieb über einen Großhandel begünstigen. Zum einen wird das Risiko aufgeteilt, sie tragen also nicht allein das Risiko. Außerdem reduzieren Sie Ihre Lagerkosten, weil ein Teil Ihrer Ware beim Großhandel liegt. Ihre Vertriebskosten werden zudem auch automatisch gesenkt. Falls Sie jedoch gerade Ihr Unternehmen gründen, sollten Sie bei den Verhandlungen mit deinem Großhandel etwas vorsichtig sein. Meist ist es nämlich so, dass der Großhändler eine stärkere Verhandlungsmacht besitzt, sodass Ihre Preise extrem nach unten getrieben werden. Akzeptieren Sie deren Bedingungen nicht, so laufen Sie Gefahr, dass der Großhändler Ihre Ware aus dem Verkauf nimmt.

Ein Fachhandel besitzt in der Regel einige Stammkunden, da diese Läden sich auf bestimmte Artikelgruppen spezialisieren. Sie verkaufen meist Produkte, die eine gute Qualität aufweisen und das kommt auch bei den Kunden sehr gut an. Auch der Service wird in einem Fachhandel groß geschrieben. Der einzige Nachteil eines Fachhandels ist, dass die Kosten für Sie als Unternehmen etwas höher ausfallen, da Ihre Vertriebsmitarbeiter in der Anfangszeit den Fachhändlern häufiger einen Besuch abstatten müssen.

Wenn Sie Personalkosten sparen wollen, sollten Sie mit einem Handelsvertreter in Kontakt treten. Dieser schließt nämlich Verträge in Ihrem Namen ab, dafür bekommt er natürlich eine Provision. Allerdings fallen bei Ihnen die ganzen Nebenkosten weg, wie zum Beispiel die Lohnnebenkosten, das Dienstauto, die Schulungen, denn der Handelsvertreter ist ein Gewerbetreibender, der diese Kosten selbst trägt.

Online Marketing

Online Marketing sollte man auf keinen Fall vergessen. Mittlerweile gewinnt das Online Marketing immer mehr an Bedeutung, denn auch die Kunden informieren sich immer mehr im Internet über diverse Angebote. Besonders Existenzgründer sollten sich rechtzeitig mit diesem wichtigen Bereich auseinandersetzen. Bevor Sie sich nun die perfekte Online Marketing Strategie erarbeiten, sollten Sie ein paar Information beschaffen. Informiert sich Ihre Zielgruppe überhaupt im Internet? Kaufen Ihre Kunden online? Es ist tatsächlich nicht selbstverständlich, dass jede Zielgruppe im Internet nach guten Angeboten Ausschau hält.

Wenn Ihre Zielgruppe dies jedoch tut, sollten Sie etwas genauer forschen. Wie geht Ihr Kunde bei der Informationsbeschaffung vor? Nutzt er eine Suchmaschine oder gibt er die Internetadresse stets direkt ein? Wenn Ihre Kunden tatsächlich online kaufen, ist es natürlich auch noch wichtig zu wissen, wo genau sie kaufen. Stöbern sie eher auf

E-Commerce Plattformen oder sogar in einem Webshop? Diese Fragen sollten Sie alle beantworten können, damit Sie wissen, wo Sie Ihre Produkte listen lassen müssen.

Wenn Sie herausgefunden haben, ob Ihre Zielgruppe das Internet nutzt, können Sie mit dem Erarbeiten eines eigenen Konzepts loslegen. Orientieren Sie sich doch einfach an die 4P's. Das erste „P" ist das Produkt. Wollen Sie Ihre Online Marketing Strategie erarbeiten, müssen Sie sich erst im Klaren sein, welche Produkte Sie online anbieten wollen. Versuchen Sie die Produkte, die Sie online verkaufen wollen, mit neuen Funktionen auszustatten. Bieten Sie zum Beispiel verschiedene Farben an oder überlegen Sie sich eine neue Variante aus. Das zweite „P" ist der Preis. Online können Sie nicht unbedingt die Preise ansetzen, die Sie im Laden haben. Sie müssen sich dem Online-Umfeld anpassen, denn online gibt es wesentlich mehr Konkurrenz. Ihre Preise sollten Sie online ein wenig herabsetzen. Schließlich müssen Sie für Ihren Online-Auftritt nicht so viel Geld ausgeben, als für Ihre Ladenmiete. Die Kosten für den Versand übernimmt in den meisten Fällen der Anbieter. Die Preise unterscheiden sich online und offline sehr. Normalerweise ist es online sogar üblich, dass die Bezahlung meist erst nach der Lieferung stattfindet. Diesen Punkt sollten Sie unbedingt mit einplanen, wenn Sie Ihre Online Marketing Strategie ausarbeiten.

Das dritte „P" ist der Place. Wo genau Sie Ihre Produkte im Internet platzieren wollen, ist entscheidend für Ihr Online Marketing. Wollen Sie einen eigenen Webshop eröffnen oder Ihre Produkte lieber in einem anderen E-Commerce Shop unterbringen? Das vierte und letzte „P" ist die Promotion. Mittlerweile gibt es viele Unternehmen, die Ihre Produkte online anbieten. Es bedarf viel Ausdauer und Arbeit, um seine Produkte im Internet bekannt zu machen. Es gibt unterschiedliche

Online Marketing Instrumente, die Sie einsetzen können, um im Internet gefunden zu werden. Haben Sie jedes einzelne „P" abgearbeitet, dürfen Sie nicht vergessen, sie aufeinander abzustimmen. Um eine erfolgreiche Strategie aufzubauen, sollten Sie in jedem Fall erst einmal mit einer eigenen Website starten.

Ihre Online Marketing Strategie sollten Sie auf verschiedenen Kanälen verbreiten. Unter anderem sollten Sie eine Strategie für Social Media erarbeiten, Sie sollten genügend Werbung über Facebook und YouTube schalten und Ihr E-Mail Marketing vorantreiben. Ihre Online Marketing Strategie sollten Sie auch in Ihrem Businessplan erwähnen. Schreiben Sie dort nieder, wieso das Online Marketing für Ihr Unternehmen so wichtig ist und zeigen Sie auf, welche Plattformen Sie nutzen möchten. Dabei sollten Sie auch auf die 4P's eingehen.

Besonders bei einer Existenzgründung sollten Sie viel Wert auf das Marketing legen. Schließlich müssen die Menschen erst einmal mitbekommen, was Sie Tolles zu bieten haben. Auch können durch das Marketing viele neue Kunden gewonnen werden. Allerdings ist das Geld in der Anfangsphase meist sehr knapp bemessen, sodass Sie selbst die Werbetrommel rühren müssen.

Offline

Nicht nur das Online Marketing spielt eine große Rolle bei einer Existenzgründung, auch sollte Ihr Unternehmen offline bekannt gemacht werden. Die bekannteste Art Werbung zu machen ist vermutlich die Mund-zu-Mund-Propaganda. Kann man jedoch noch keine laufende Kundschaft vorweisen, ist diese Art sehr schwer umzusetzen. Doch es gibt noch andere Wege, sein Unternehmen im Umkreis bekannt zu machen. Haben Sie vielleicht schon mal an passende Visitenkarten gedacht? Visitenkarten sind immer noch modern und sollten immer vorrätig sein.

Wenn jemand Interesse an Ihrem Unternehmen zeigt, dann können Sie ihm direkt eine Karte mitgeben. Besteht auch nach dem ersten Treffen noch Interesse, dann kann sich der potenzielle Kunde über die Angaben auf der Visitenkarte bei Ihnen melden. Natürlich können Sie ihm direkt noch mehr Karten geben, mit der Bitte, sie an andere Interessenten zu verteilen. Doch nicht nur Visitenkarten können an mehrere Interessenten verteilt werden, auch Flyer können in verschiedenen Läden ausgelegt werden.

Natürlich besteht auch noch die Möglichkeit in Printmedien Werbung von Ihrem Unternehmen zu machen. Meistens wird eine kleine Anzeige gedruckt, die kaum zu sehen ist. Will man seine Anzeige schon etwas auffälliger gestalten, sind diese jedoch kaum zu bezahlen. Doch es gibt noch eine andere Möglichkeit, in einer Fachzeitschrift oder einer Tageszeitung Werbung zu machen. Die meisten Verlage beschäftigen Freiberufler, die für ihre Zeitschriften redaktionelle Beiträge schreiben. Das ist die Chance für Selbstständige günstig an gute Werbung zu kommen. In diesem Fall müssen Sie als Existenzgründer dem Verlag einfach nur einen kostenlosen Text zur Verfügung stellen. Natürlich sollte Ihr Text zum Printmedium passen. Dann verlangen Sie eine namentliche Nennung des Autors, das Drucken Ihrer Kontaktdaten und die Erwähnung Ihrer Internetseite.

Werbung begegnet uns heutzutage überall. Mittlerweile ist es sogar möglich, Werbeaufdrucke an Schaufenstern, Werbetafeln oder sogar das eigene Auto zu befestigen. Ist das erledigt, braucht man sich erst einmal nicht mehr darüber den Kopf zerbrechen. Besonders das Auto ist eine gute Alternative, da man jeden Tag viel unterwegs ist und somit die Botschaft leicht verbreitet wird. Doch auch diese Art der

Werbung ist nicht gerade günstig. Besonders bei der Existenzgründung kann das für einige Unternehmer am Anfang zu viel sein. Natürlich können Sie dabei spezielle Druckereien außen vor lassen und die Folie für die Autos selbst fertigen. Diese können ganz leicht im Handel erworben werden. Viele Händler bieten sogenannte Werbetechnik-Pakete an, die exakt mit dem richtigen Material und allem anderen ausgestattet sind.

Alle Selbstständige wollen eigentlich nur das eine: Den passenden Kunden. Deshalb ist es immer wichtig Kontakte zu knüpfen. Schließlich kennt immer jemand jemanden, der jemanden kennt. Sie kennen das vermutlich. Ein erfolgreiches Unternehmen lebt von Empfehlungen und Beziehungen. Natürlich müssen Sie im Gegenzug auch mal jemanden empfehlen, denn dieses Prinzip der Empfehlungen beruht auf Gegenseitigkeit. Wenn Sie zum Beispiel sich als Fotograf selbstständig machen wollen und dafür Models benötigen, die Sie ablichten können, dann bietet es sich natürlich auch direkt an eine Make-up-Artistin mit ins Boot zu holen.

In Sachen Marketing sind eigentlich keine Grenzen gesetzt. Viele Dinge können Sie in Sachen Werbung selbst machen. Dafür ist viel Geld nicht unbedingt nötig. Bringen Sie jedoch viel Kapital mit, dann können Sie Ihre Marketingstrategie weit auslegen. Werbung bestimmt heutzutage unser Leben. Oft lassen wir uns schon durch kleine Anzeigen, Werbebanner, Flyer oder andere Werbemittel beeinflussen und steuern. Ziel sollte sein, sich langsam aber stetig einen Namen aufzubauen und immer mehr zufriedene Kunden zu gewinnen. Haben Sie das erreicht, steht Ihrem Unternehmen nichts mehr im Wege.

CONTROLLING

Das Controlling ist auch ein wichtiges Thema, welches Sie als Existenzgründer auf keinen Fall aus den Augen verlieren dürfen. Controlling ist eine spezifische Form des Rechnungswesens. Das Wort Controlling kommt vom englischen Verb to control, was auf Deutsch so viel wie steuern oder auch kontrollieren heißt. In diesem Fall will man als Selbstständiger sein Unternehmen steuern und regeln.

Das interne Rechnungswesen trifft Entscheidungen über die Kosten und Ausgaben eines Unternehmens. Alle Ausgaben werden von den zuständigen Sachbearbeitern oder vielleicht von Ihnen selbst in eine Datenbank eingepflegt. Haben Sie alle Kosten aufgelistet, haben Sie die volle Kontrolle der Ausgaben.

Mit Hilfe der Daten können Sie zielgerichtete Entscheidungen treffen und zu dem Erfolg Ihres Unternehmens beitragen. In der Anfangszeit werden Sie vermutlich selbst das Controlling übernehmen. Bei größeren Unternehmen oder bei Unternehmen, die schon länger bestehen, wird diese Aufgabe von einem Controller übernommen. Bei größeren Unternehmen kann es auch vorkommen, dass eine ganze Abteilung für das Controlling zuständig ist. Zu den eigentlichen Aufgaben eines Controllers gehört die Planung des Budgets. Natürlich muss dies immer in Absprache mit der Geschäftsführung unternommen werden.

Auch hat ein Controller die Aufgabe die unternehmensspezifischen Ziele aufzustellen, indem er einen Plan erstellt, wie man genau diese Ziele nach einer bestimmten Zeit erreichen kann. Welche verschiedenen Maßnahmen muss man dafür ergreifen und wie viel Budget kann man für diese Umsetzung einplanen? Ein Controller erstellt diesen Plan für das ganze Unternehmen. Nach Erstellung des Plans überprüft er ständig die Entwicklung des Unternehmens. Auch die Wirtschaftlichkeit wird ständig überprüft und analysiert. Dabei überprüft er die bisher erreichten Werte, die sogenannten Ist-Werte und die noch zu erreichenden Werte, die Soll-Werte. Mit verschiedenen Methoden und Techniken wird dann versucht sich dem Soll-Zustand anzunähern. Mit dem Soll-Ist-Vergleich können sogar Abweichungen analysiert werden, wieso ein vorgenommenes Ziel nicht erreicht wurde.

Wie führt man das Controlling durch?

Besonders bei Existenzgründern fehlt meistens jemand, der das Controlling übernimmt. Sie wollen keine Zeit vergeuden, um zu planen und zu kontrollieren. Den meisten Gründern fehlt eine genaue Finanzplanung. Allerdings ist eine gute Planung der Schlüssel zum Erfolg eines Unternehmens. Niemals sollten Sie einfach so wirtschaften, ohne einen genauen Plan zu haben.

Der häufigste Grund, warum die meisten Gründer eine Finanzplanung links liegen lassen, ist der tägliche Druck. Die vielen Aufgaben, die sie zu bewältigen haben und die anstehenden Aufträge sind nicht jedermanns Sache, sodass der ganze Papierkram gerne mal liegen bleibt. Nehmen Sie sich die Zeit dafür und sorgen Sie für eine gut laufende Organisation in Ihrem Betrieb.

Haben Sie die Anfangsphase gut überstanden, sollten Sie sich jedoch nicht auf Ihren Erfolg ausruhen. Die meisten Unternehmer lassen nach einer erfolgreichen Phase nach und vernachlässigen den kritischen Blick auf Kosten und Einnahmen. Wieso einen kritischen Blick auf die Finanzen werden, wenn gerade alles so gut läuft? Doch meistens laufen genau dann die Kunden weg. Auch der Markt verschwindet aus dem Sichtfeld, sodass die Geschäftsführung keine

Ahnung mehr hat, wo das Unternehmen gerade steht. Hoffentlich ist Ihnen klar, dass sich die Märkte, die Gewohnheiten der Kunden und die Arbeitsbedingungen sich stetig verändern, sodass Sie als Unternehmer entsprechen handeln müssen - auch wenn es gerade so gut laufen sollte.

Sie als Unternehmer haben vermutlich immer alle Ideen im Kopf, jedoch sollten Sie sich angewöhnen, Ihre Vorhaben auf Papier festzuhalten. Erst, wenn Sie schriftlich alles festgehalten haben, kann man sich ein genaueres Bild von allem machen. Nutzen Sie auch die komplexen Informationen aus der Buchhaltung! Viele Unternehmer lenken die Aufgaben eines Controllers auf ihre Mitarbeiter. Nervige Kostenrechnungen und rumfliegende Blätter sind schließlich nichts für einen Chef. Nicht? Doch! Sie sind derjenige, der die Entscheidungen trifft. Sie tragen die Verantwortung für Ihr eigenes Unternehmen. Dementsprechend sollten Sie sich auch für die nervigen Aufgaben genug Zeit nehmen. Nehmen Sie sich also auch genug Zeit für die Finanzen Ihres Unternehmens. Schließlich wollen Sie auch einen festen Boden unter den Füßen.

Wurde ein vernünftiger Finanzplan erstellt, bleibt oft der geplante Effekt aus. Besonders dann, wenn Ihnen nicht klar ist, an welchen Stellen noch Kosten entstehen können. In diesem Fall sollte jeder einzelne Punkt genau betrachtet werden. Wo fließt Ihr Geld hin? Woher bekommen Sie das Geld? Besser sollten Sie immer und zu jeder Zeit einen Überblick über Ihre Finanzen haben. So sind Sie vor bösen Überraschungen sicher. Dabei reicht es nicht aus, sich nur die Kosten und Einnahmen grob anzuschauen. Viele Unternehmer tun sich dabei schwer, die allgemeinen Kosten aufzuteilen. In den meisten Fällen sind sie zu ungenau oder zu kompliziert. Später stellt man vermutlich nur fest, dass der notwendige Aufwand in keinem Verhältnis zu dem

Ergebnis steht. Deshalb sollten Sie Ihre Kosten so einfach wie möglich aufteilen und genau analysieren. Die Kosten, die nicht genau erfasst werden können, können normalerweise geschätzt werden.

Ein genaues Rechnungswesen spielt im Controlling eine sehr große Rolle, allerdings ist das noch lange kein Garant dafür, dass das Controlling auch funktioniert. Oft kommt es vor, dass Daten ermittelt werden, die für die unternehmerische Gestaltung nicht von Nöten sind. Auch kann es vorkommen, dass der Unternehmer Zahlen braucht, die vorher gar nicht ermittelt wurden. Sie sollten sich deshalb immer im Klaren sein, dass Sie das Sagen haben. Sie sind der Chef, der im Endeffekt alles absegnen muss.

Existenz sichern

UNTERNEHMENSSTEUERUNG

Wie führt man ein Unternehmen? Die Unternehmenssteuerung ist die wichtigste Aufgabe, damit das Unternehmen auf Dauer bestehen kann. Wichtig ist auch, dass man sich Ziele setzt, die man verfolgen kann. Wie soll sich das Unternehmen in Zukunft entwickeln? Welche Maßnahmen können Sie ergreifen, um die Ziele, die Sie sich gesetzt haben, erreichen zu können? Passen Sie sich nicht den Marktentwicklungen an. Gehen Sie nicht andauernd mit dem Trend und lassen alles auf sich zukommen. Arbeiten Sie aktiv an Ihren Risiken und Chancen, sodass Sie alle Ressourcen zu Gewinn umwandeln können.

Ab dem Gründungstag müssen Sie die betriebswirtschaftlichen Aufgaben sehr ernst nehmen. Dabei spielt es keine Rolle, ob Ihr Unternehmen schon sehr groß ist oder noch recht klein. Jeder Unternehmer muss für sich und sein Unternehmen Ziele setzen. Dann muss er natürlich die richtigen Maßnahmen ergreifen, um seine Ziele auch umsetzen zu können. Die Führungsaufgaben eines jeden Unternehmers bestehen also darin, Ziele zu erreichen, um das Unternehmen voranzubringen. Ziel ist, die Existenz des Unternehmens zu sichern. Dabei sollte der Unternehmer lieber kein volles Risiko eingehen. Denn das ist für alle Unternehmer strengstens untersagt. Wenn Sie Risiken erkennen sollten, verlangt der Gesetzgeber sogar, dass Sie alles Mögliche tun, um diese zu verhindern. Gegen politische oder finanzwirtschaftliche Risiken, sowie Risiken, die der Markt mit sich bringt, sollten sich alle Unternehmer absichern.

Auch Risiken, die durch eine technologische Entwicklung möglicherweise anstehen, sollten vermieden werden. Kann man ein perfekt funktionierendes Controlling vorweisen, kann die Geschäftsführung ein komplexes Risikomanagement erstellen. Somit ist eine Überwachung der Zahlungsfähigkeit garantiert und kann nachgewiesen werden.

Manche mögen der Überzeugung sein, dass eine umfassende Kontrolle für kleine Unternehmen uninteressant ist, jedoch gehört auch das zu Groß- und Kleinunternehmen. Oft sind die Gründer sich zu sicher und meinen, dass der Steuerberater schon alles für sie erledigen wird.

Das ist jedoch falsch. Verlassen Sie sich bei Ihrer Unternehmenssteuern nicht zu sehr auf die betriebswirtschaftliche Auswertung oder die Summen- und Saldenliste vom Steuerberater, denn diese Daten beziehen sich alle nur auf die Vergangenheit und nicht auf die Zukunft. Natürlich kann man anhand der vorliegenden Zahlen einige Vermutungen für die kommende Zeit anstellen, jedoch ist das keine Quelle, die zu hundert Prozent sicher ist. Die Unternehmenssteuerung bezieht sich auf die Zukunft. Die Ziele sollten feststehen, sodass Sie möglichen Komplikationen ausweichen können. Externe und interne Veränderungen sollten Sie bewerten und notfalls ändern können. Überwachen Sie die Lage Ihres Unternehmens. Lassen sich die kommenden Entwicklungen eigenhändig lösen? Dann nehmen Sie es in die Hand!

Wichtig für die Unternehmenssteuerung ist zudem die monatliche Buchführung. In der Buchführung werden alle unternehmensrelevanten Vorgänge erfasst. Dabei müssen Sie natürlich auch ein paar Punkte beachten. Ziel ist es, eine ordnungsgemäße Buchführung zu führen, damit alle termingerechten Zahlungen eingehalten werden können. Eine Finanzbuchhaltung läuft nicht nach betriebswirtschaftlichen Punkten, daher sind die Daten für die Geschäftsführung erstmal unbedeutend. Oft fehlen in den betriebswirtschaftlichen Auswertungen die entscheidenden Positionen, die für ein Unternehmen wichtig sind. Die Positionen mit Ergebnisauswirkung sind besonders wichtig. Die Bestandsveränderung gehört zum Beispiel auch dazu. Werden diese Posten nicht berücksichtigt, kann das eine erhebliche Fehleinschätzung der tatsächlichen Lage zur Folge haben. Sie wollen die richtigen Daten, zur richtigen Zeit und in der richtigen Form bekommen, um zukunftsweisende Entscheidungen treffen zu können. Was sind die wichtigsten Erfolgsfaktoren? Oder steht sogar eine gefährliche Krise bevor? Doch nicht alle Daten können von der betriebswirtschaftlichen Auswertung präsentiert werden. Prognosedaten oder Bereichsergebnisse liefert diese Auswertung nämlich nicht. Sie liefert nur verlässliche Basis-Daten zur Unternehmenssteuerung

Welche Controlling-Instrumente sind für Ihre Unternehmenssteuerung überhaupt wichtig? Zuerst sollten Sie natürlich Ihre aktuelle Lage kennen. Die IST-Situation sagt schon einmal sehr viel über Ihr Unternehmen aus. Halten Sie die Ergebnisse der letzten Monate nebeneinander und analysieren Sie die Entwicklung. Im nächsten Schritt sollten Sie langsam auf die Zukunft zugehen. Richten Sie sich dabei an die Werte aus der Vergangenheit und Ihren aktuellen Erkenntnissen. Legen Sie aufgrund der erwartenden Veränderungen Ihre Gewinn- und Liquiditätsziele fest. Danach planen Sie einige Maßnahmen, die notwendig sind, um Ihre Einnahmen und Ausgaben im Detail zu erläutern.

Dann schauen Sie sich Ihre Zahlungsfähigkeit an und legen einen umfassenden Plan an. Durch Kontrolle der Ausgaben und Einzahlungen haben Sie immer einen Überblick über Ihre derzeitige Situation. Die ständig aktualisierte Liquiditätsvorschau zeigt Ihnen rechtzeitig an, wann Sie handeln müssen, um immer zahlungsfähig zu bleiben.

Auch eine Abweichungsanalyse zeigt Ihnen regelmäßig auf, wie sich Ihr Unternehmen entwickelt hat. Seien Sie stets auf dem Laufenden, damit Sie rechtzeitig und vorausschauend handeln können.

Welche Reports benötigen Sie, um Ihr Unternehmen vernünftig zu steuern? Im vorigen Absatz haben Sie etwas über die Controlling-Instrumente erfahren. Sie bekommen allerdings auch nur die Informationen, die angelegt wurden. Dementsprechend müssen Sie schon frühzeitig wissen, welche Daten Sie bekommen wollen und müssen. Bei den regelmäßigen Reports geht es eher um die Jahresplanung von Rentabilität und Liquidität. Holen Sie sich eine regelmäßige Ist-Entwicklung des aktuellen Jahres und schauen Sie sich die Abweichungen zwischen der Ist-Entwicklung und dem Plan des laufenden Jahres an. Auch sollte natürlich eine umfassende Rentabilitätsvorschau erstellt werden sowie eine Liquiditätsvorschau.

Damit Controlling-Reports brauchbar sind, müssen Sie regelmäßig mit ihnen arbeiten. Ungefähr jeden Monat sollten Sie einmal die Zeit aufbringen, um diese wichtige Aufgabe zu managen. Auf jeden Fall sollten Sie dabei auf die Kennzahlen eingehen. Die Unternehmenskennzahlen geben wichtige Informationen über den aktuellen Zustand des Unternehmens. Mit Hilfe dieser Zahlen können Sie rechtzeitig notwendige Schritte einleiten, die das Unternehmen wieder auf den richtigen Weg bringen. Wurde ein Ziel nicht in der geplanten Zeit eingehalten, hat sich eventuell die Herstellung einiger Produkte verzögert oder sind andere unvorhersehbare Dinge passiert, dann können Sie rechtzeitig handeln. Verschiedene Kennzahlen sollten Sie dabei kombinieren oder ergänzen. Die Kennzahlen zur Entwicklung oder die Zahlen zur Liquidität, sind zum Beispiel voneinander abhängig. Nur durch die Ergänzung verschiedener Kennzahlen lässt sich eine drohende Zahlungsunfähigkeit feststellen.

Schauen wir uns ein paar Beispiele zu diesem Thema an. Stellt man eine Umsatzsteigerung fest, ist das zunächst erst einmal sehr positiv. Allerdings kann man das Umsatzplus auch anders verstehen. Wurden die überschüssigen Umsätze schon verbucht, heißt das nicht, dass sie für den aktuellen Zeitraum gedacht sind. Sie können auch schon für die kommenden Monate gedacht sein. Sollte das der Fall sein, kann es sein, dass diese Umsätze später fehlen werden.

Sollten negative Abweichungen vom Plan auftreten, ist das eigentlich eine positive Sache. Es sei denn hinter diesen negativen Abweichungen stecken Probleme mit dem Personal. Haben etwa gute Mitarbeiter gekündigt? Haben Sie eventuell sogar Probleme, das richtige Personal zu finden? Falls das eintreten sollte, ist dies natürlich keine positive Entwicklung. Auch ist es keine positive Entwicklung, wenn Ihre Reisekosten niedriger sind.

Das kann passieren, wenn Sie Ihre Vertriebsarbeit vernachlässigt haben. Haben Sie Ihre Vertriebsarbeit vernachlässigt, dann wird sich das auch bald negativ auf die Auftragslage auswirken. Haben sich die Kosten vermehrt, dann ist das eigentlich negativ. Allerdings kann es auch bedeuten, dass Sie Ihre Werbekosten gesteigert haben. Eine werbliche Aktion kann sehr spontan stattfinden, daher können auch die Kosten nicht vorher geplant werden. Jedoch ist es sehr wahrscheinlich, dass Sie durch diese Werbeaktion potentielle Neukunden gewinnen.

Sollten Sie feststellen, dass eine Liquiditätsenge zu erwarten ist, dann können Sie einige Maßnahmen ergreifen. Zum Beispiel können Sie die Einzahlungen aus Umsätzen steigern, einige Privateinlagen durchführen, eventuell ein Darlehen aufnehmen, Material auf

Rechnung kaufen, auf Privatentnahmen verzichten oder eine geplante Investition auf einen anderen Zeitpunkt verlegen. Natürlich gibt es noch mehrere Maßnahmen, die man ergreifen kann, um eine Liquiditätsenge zu überbrücken. Dabei muss Ihnen klar sein, dass diese Maßnahmen eine gewisse Vorlaufzeit benötigen. Man kann nicht erwarten, dass man alles innerhalb eines Monats umsetzen kann. Aus diesem Grund, müssen Sie Ihre Berichte regelmäßig aktualisieren. Sind erste negative Aspekte zu verzeichnen, ist es leider meist schon zu spät mit der Umsetzung.

Führen Sie Ihr Unternehmen und lassen Sie es nicht von jemand anderem kontrollieren. Die Reports können Sie ruhig von Ihren Mitarbeitern erstellen lassen, allerdings sollten Sie die Analyse stets selbst durchführen. Machen Sie sich dabei ruhig Notizen, denn niemand kann sich alles merken. Das verleitet nur dazu, das Unternehmen aus dem Bauch heraus zu steuern. Sie sind der Chef. Sie tragen die Verantwortung für Ihr Unternehmen. Vernachlässigen Sie deshalb nicht das Controlling, die Steuern oder die Privatentnahmen. Um erhebliche Verluste zu vermeiden, empfehlen wir Ihnen direkt etwas zu unternehmen, damit Ihr Unternehmen auch auf lange Sicht noch bestehen bleibt.

Mit der Unternehmensplanung muss sich jeder Existenzgründer beschäftigen. Zum einen müssen Sie sich Gedanken über die Ausrichtung eines Unternehmens machen und Ihr unternehmerisches Selbstverständnis einbeziehen. Wo sehen Sie sich und Ihr Unternehmen in ein paar Jahren? Möchten Sie, dass Ihr Unternehmen relativ klein bleibt oder möchten Sie, dass Ihr Unternehmen stetig wächst? Wollen Sie Ihr Unternehmen lieber alleine führen oder möchten Sie einen Partner an Ihrer Seite haben? Oder wollen Sie mit einem anderen Unternehmen kooperieren? Das sind nur einige der vielen Fragen, die Sie beantworten sollten, um Ihr Unternehmen so zu gestalten, wie Sie es wünschen. Dabei sollten Sie natürlich nicht außer Acht lassen, welche Mittel Ihnen zur Verfügung stehen.

Eine weitere Säule der Unternehmensplanung bezieht sich darauf, wie Sie auf erkennbare oder direkte Herausforderungen eingehen. Verringern sich Ihre Umsätze, verändert sich der Markt oder sinkt Ihre Kundenzahl? Dann sollten Sie auf keinen Fall in Panik geraten! Überlegen Sie genau, was Ihr nächster Schritt sein soll, um einen Bankrott zu vermeiden. Prüfen Sie die Umsetzung der Maßnahmen deshalb sehr genau! Auch sollten Sie dabei auf die Stärken und Schwächen Ihres Unternehmens eingehen. Was haben Sie und Ihre Mitarbeiter zu bieten? Welche Fachkräfte fehlen Ihrem Unternehmen? Wie ist Ihr Unternehmen ausgestattet? Verfügt es über die neueste Technologie oder gibt es irgendwelche Defizite? Denken Sie, dass Ihr Standort genau richtig für Ihre Branche ist? Welche positive Kritik haben Sie schon von Ihren Kunden erhalten? Oder haben sich Ihre Kunden schon über ein paar Dinge beschwert? Ihre Stärken und Schwächen sollten Sie gegenüberstellen und überlegen, wie Sie Ihre Stärken noch weiter ausbauen und Ihre Schwächen reduzieren können. Vielleicht fällt Ihnen ja sogar etwas ein, wie Sie Ihre Stärken in Ihre Maßnahmen mit einbeziehen können.

Die Zielsetzung ist bei Ihrer Unternehmensplanung extrem wichtig. Dabei sollten Ihre Ziele möglichst genau und natürlich auch realistisch sein. Leiten Sie Ihre Ziele doch einfach aus Ihrem Ergebnis der Bestandsaufnahme ab. Wenn Ihr Unternehmen geringe Umsätze aufweist, setzen Sie sich doch einfach das Ziel, Ihren Umsatz um 10 Prozent zu steigern. Hat Ihr Unternehmen ein paar Kunden verloren, dann versuchen Sie im nächsten Jahr mindestens 150 neue Kunden zu akquirieren. Wollen Sie Ihr Unternehmen allgemein etwas vergrößern, dann sollten Sie Ihr Auftragsvolumen in den nächsten Jahren steigern. Setzen Sie sich realistische Ziele! Danach können Sie schauen, ob Ihre Maßnahmen etwas gebracht haben.

Was können Sie tun, um Ihre Ziele zu erreichen? Überlegen Sie sich eine Art Strategie und behalten Sie immer im Auge, worin Ihre Marktchancen bestehen. Welche Stärken können Sie ausnutzen, um Ihre Ziele umzusetzen? Wie viel Aufwand müssten Sie aufwenden, um Ihre Vorhaben zu vollenden? Welche Maßnahmen könnte man also ergreifen, wenn man mehr Umsatz erzielen will? Sie könnten beispielsweise mehr Werbung schalten, damit Sie neue Kunden gewinnen. Auch eine Anzeigenschaltung in einer lokalen Zeitung wäre in diesem Fall sinnvoll. Wollen Sie mehr Menschen erreichen, sollten Sie zudem Ihre Social Media Aktivität weiter ausbauen. Was würden Sie tun, wenn Sie Ihr Auftragsvolumen in den nächsten Jahren steigern wollen? Denken Sie doch mal an neue Vertriebskooperationen! Suchen Sie Kontakt mit anderen Partner-Unternehmen und versuchen Sie mit ihnen zu verhandeln. Seien Sie bei der Umsetzung Ihrer Ziele ein wenig kreativ.

Nachdem Sie einige Maßnahmen durchgeführt haben, ist es an der Zeit, Ihre Ergebnisse zu kontrollieren. Haben Sie Ihre Ziele erreicht, die Sie erreichen wollten? Falls Sie Ihre Ziele nicht erreicht haben, sollten Sie dringend untersuchen, was Ihnen bei der Umsetzung gefehlt hat. Was war der entscheidende Fehler? Besonders wichtig ist, dass Sie Ihre Maßnahmen und deren Ergebnisse auf Papier festhalten. Nur so können Sie Ihre Planabweichungen bzw. die Veränderungen ermitteln.

Existenzgründer haben normalerweise noch keine Erfahrung mit einer umfangreichen Unternehmensplanung gemacht. Die meisten Unternehmer haben jedoch große Probleme, eine geeignete Strategie bzw. einen Plan zu erstellen. Sollten Sie zum ersten Mal ein

Unternehmen gründen und demnach noch nicht viel Erfahrung gesammelt haben, sollten Sie sich einen Experten suchen, der Ihnen alles erklärt und offen für sämtliche Fragen ist. In manchen Bundesländern werden diese Berater durch einen Zuschuss gefördert.

KRISENMANAGEMENT

Kommen wir nun zu dem Krisenmanagement eines Unternehmens. Der Begriff Krisenmanagement entstand im Zusammenhand mit der Kuba-Krise im Jahr 1962. Am Anfang war die Verwendung des Begriffes eher zurückhaltend. Auch in der Betriebswirtschaftslehre wurden dem Begriff anfangs verschiedene Inhalte zugeordnet. Normalerweise bedeutet der Begriff eine besondere Führung im Umgang mit verschiedenen Prozessen, die das Unternehmen gefährden können. Sollten einige Krisenerscheinungen auftauchen, erklärt sich das Krisenmanagement von selbst. Die akuten Krisen sollten mit diesem System bewältigt werden. Immer mehr wird das Krisenmanagement auf eine neue Probe gestellt. Die Internationalisierung verlangt den einzelnen Unternehmen nämlich so einiges ab und stellt sie andauernd vor neue Herausforderungen.

Das Krisenmanagement an sich erfolgt in verschiedenen Phasen. Den Phasen werden verschiedene Aufgaben zugeteilt. Das Krisenmanagement setzt nicht ein, wenn das Problem entsteht, sondern erst dann, wenn es auch als solches wahrgenommen wird. Sollte ein Problem nicht rechtzeitig wahrgenommen werden, wird es schwer, wirksam mit Hilfe des Krisenmanagements vorzugehen. Die Zeit läuft ab, um sinnvolle Alternativen zu aktivieren. Daher umfasst das Krisenmanagement eine Krisenvorsorge sowie eine Früherkennung zur Krisenvermeidung. Sollte sich also eine gefährdende Entwicklung bemerkbar machen, kann der Unternehmer mit einem gut durchdachten Krisenmanagement alles Mögliche tun, um sein Unternehmen fortzuführen.

Wie kann eine Unternehmenskrise umgangen werden? Auch hier müssen Sie Ihre Ziele planen, wie Sie Ihr Unternehmen wieder aus der Krise befreien wollen. Alle Zielerreichungsplanungen bilden das Krisenprogramm. Die meisten festgelegten Planungen von Krisenprogrammen erfolgen in Form von Projekten. Kontrolle gehört zu einem Krisenmanagement immer dazu. In Form von Hochrechnungen wird ständig verfolgt, wie die Situation aussieht. Das Krisenmanagement umfasst alle Personen, die in Führungspositionen sind. Sie tragen Verantwortung bei der Identifikation, der Realisation, der Planung und der Kontrolle von Strategien, Zielen und Maßnahmen.

So versuchen Sie aktiv eine Krisenvorsorge, -vermeidung und -bewältigung zu erstellen. Sollte eine Krise anfallen, gehen Sie als Gruppe gemeinsam gegen diese vor. Die Unternehmensführung, die Aufsichtsgremien, eventuelle Berater oder Sachwalter sind als Institution für das Krisenmanagement verantwortlich. Eigentlich ist die Führung des Unternehmens für die Bewältigung der Krise zuständig, allerdings wird häufig auf externe Berater zurückgegriffen. Sind Unternehmenskrisen schon so weit fortgeschritten, dass ein Insolvenzverwalter hinzugezogen werden muss, wird die Institution um den Insolvenzverwalter erweitert.

Betrachtet man das Krisenmanagement als System, kann man es in verschiedene Bereiche aufteilen. Die Krisenvorsorge, die Krisenvermeidung und die Krisenbewältigung. Insgesamt gibt es vier Krisenphasen, die potenzielle Unternehmungskrise, die latente Unternehmungskrise, die beherrschbare Unternehmungskrise und die nicht beherrschbare Unternehmungskrise. Die Krisenvorsorge bezieht sich auf die zukünftig eintreffenden Perioden, in denen eine potenzielle Unternehmungskrise auftreten kann. Man macht sich also schon vorher Gedanken über mögliche Unternehmungskrisen. Mit verschiedenen Prognosen und sämtlichen Alternativplänen kann festgestellt werden, ob eine solche Krise möglich ist. Die Krisenvorsorge nennt man auch antizipatives Krisenmanagement.

Die Krisenvermeidung bezieht sich auf latente Unternehmungskrisen. Mit Hilfe von Früherkennungssystemen wird versucht die Entwicklung zur akuten Krisenphase zu verhindern. Dieses Vorgehen nennt man das präventive Krisenmanagement. Das reaktive Krisenmanagement befasst sich mit akuten Krisen. Diese Form beschäftigt sich also mit der Krisenbewältigung. Krisen, die beherrschbar sind, können durch das repulsive Krisenmanagement überstanden werden. Eine erfolgreiche Zurückschlagung ist also Grundvoraussetzung für ein solches Krisenmanagement.

Die Planung, die Realisation und die Kontrolle sind die wesentlichen Aufgaben dieses Managements. Es werden dementsprechend Sanierungsmaßnahmen und Sanierungsstrategien durchgeführt, um die zentralen Aufgaben zu realisieren. Die unternehmungshaltende Krisenbewältigung wird sogar durch die Bestimmungen der Insolvenzordnung gefördert, sodass die Sanierung eines Unternehmens erleichtert wird. Das unbeherrschbare Krisenmanagement, auch genannt als liquidatives Krisenmanagement, bezieht sich auf Unternehmungskrisen, die keine Überlebenschancen mehr bieten. Dementsprechend wird erwartet, dass ein geordneter Rückzug geplant wird. Eine planvolle Liquidation muss durchgeführt werden, um alle, die am Unternehmen beteiligt sind, zu schützen. Größere Verlust sollen so vermieden werden. Dieses

Krisenmanagement wird oft im Zusammenhang mit einem Insolvenzverfahren durchgeführt.

Wie verhalten Sie sich in einer Krisenphase? Natürlich muss ein umfassendes Krisenmanagement auch die emotionale Seite der Führungskräfte und der Mitarbeiter beachten. Die interne und externe Kommunikation ist daher sehr wichtig, um auch in einer echten Krisenzeit ideal handeln zu können. Die Führung hat beim Krisenmanagement eine sehr hohe Priorität. Sie müssen in schweren Zeiten das Unternehmen leiten und Komplikationen vermeiden und bewältigen können. Wichtig ist, dass das Unternehmen nicht gefährdet wird. Vor allem sollte die Krisenvermeidung sehr ernst genommen werden. Mit Hilfe von Prognose- und Früherkennungsprognosen wird also versucht, die Krisen frühzeitig zu erkennen und zu bekämpfen.

Die Krisenbewältigung sollte alle Reaktionen des Managements betreffen. Planung, Steuern und Kontrolle, das sind die drei Maßnahmen, die man treffen sollte, um einer Krise vorzubeugen. Die Planung ist dabei die zentrale Aufgabe, mit der Steuerung erfolgt die Realisation und die Kontrolle ist die notwendige Ergänzung des Krisenmanagements. Das Krisenmanagement ist eine sehr komplexe Angelegenheit, mit der sich aber jeder Existenzgründer unbedingt beschäftigen sollte.

ERFOLGSFAKTOREN

Ein Unternehmen zu gründen ist nicht gerade einfach. Neben einer guten Geschäftsidee, benötigt man auch ein paar kreative Ideen bei der Umsetzung. Außerdem muss der Existenzgründer natürlich auch viel Durchhaltevermögen beweisen und eine gute Strategie ausarbeiten. Liegt die Gründungsphase erst einmal hinter einem, wirft man vorsichtig einen Blick in die Zukunft. Wie soll Ihr Unternehmen in 10

Jahren aussehen? Werden Sie stetig kleine Veränderungen vornehmen oder an Ihrem Prinzip für immer festhalten? Wird Ihr Unternehmen überhaupt auf lange Sicht den schnelllebigen Markt überstehen? Wie können Sie sich sicher sein, dass eine erfolgreiche Zukunft auf Sie und Ihr Unternehmen wartet? Gibt es eine Formel, mit der man sein Unternehmen erfolgreich führen kann? Was können wir tun, damit man sich um die Zukunft keine Sorgen machen muss?

Tatsächlich gibt es ein paar wichtige Faktoren, die man beachten kann, um ein erfolgreiches Unternehmen aufzubauen. Anhand dieser Faktoren sollten Sie erst einmal überprüfen, ob Ihr Unternehmen über die nötigen Eigenschaften verfügt. Außerdem können Sie anhand der einzelnen Faktoren erkennen, ob Ihre Gründungsidee überhaupt Chancen auf eine erfolgreiche Zukunft hat. Im Folgenden wollen wir Ihnen eine Checkliste präsentieren, die Ihnen helfen soll, auf Dauer erfolgreich zu sein. Treffen alle Punkte auf der Checkliste auf Sie und Ihr Unternehmen zu, dann können Sie sich glücklich schätzen, denn dann bringen Sie optimale Bedingungen mit, um Ihr Unternehmen erfolgreich zu machen.

Wollen Sie ein erfolgreicher Existenzgründer sein, dann ist eine gute Idee natürlich Grundvoraussetzung. Doch auch kommt es auf Ihre Fähigkeiten an, die diese Idee in die Realität umsetzen. Ein Existenzgründer sollte dementsprechend immer einsatzbereit sein und auch dann noch arbeiten können, wenn andere schon Feierabend machen und zu ihrer Familie fahren. Natürlich heißt das auch, dass Sie vorübergehend auf Ihren Urlaub, sowie auf Ihre Freizeit verzichten müssen, um rund um die Uhr für Ihr neu gegründetes Unternehmen da sein zu können.

Das kann natürlich manchmal auch sehr anstrengend werden. Außerdem sollten Sie als Existenzgründer einen ausgesprochen starken Ehrgeiz und ein gutes Selbstbewusstsein mitbringen. Das kann in brenzligen Situationen sehr hilfreich sein. Auch sollten Sie natürlich von Ihrer Idee überzeugt sein und andere auch davon begeistern können. Diese Überzeugungskraft benötigen Sie zum Beispiel bei der Bank, wenn Sie sich einen Kredit für die Gründung aufnehmen müssen. Sie sollten sich im Klaren sein, dass eine Existenzgründung nicht immer einfach ist und es eine starke Belastbarkeit voraussetzt. Falls Ihnen der Stress jedoch mal zu viel wird, sollten Sie sich spezielle Hilfe für Existenzgründer holen. So können Sie sicherstellen, dass Ihr Geschäftserfolg nicht geschädigt wird.

Auch Ihre persönlichen Stärken und Schwächen sollte Sie immer im Blick behalten, denn diese können Ihnen helfen ein erfolgreiches Unternehmen zu führen. Versuchen Sie herauszufinden, wie Sie Ihre Stärken am besten einsetzen können. Wie können Sie verhindern, dass Ihr Schwächen zu sehr in den Vordergrund rücken? Seien Sie geschickt und machen Sie am besten eine übersichtliche Darstellung Ihrer Stärken und Schwächen.

Außerdem spielt auch Ihr Umfeld eine sehr wichtige Rolle. Denn Ihr Umfeld gibt Ihnen die nötige Unterstützung, die Sie eventuell in manchen Situationen brauchen. Ihr Umfeld trägt also aktiv zum Erfolg bei. Besonders die Familie steht hier im Fokus, sie sollte natürlich von Anfang an mit einbezogen werden. Intensive Gespräche über Ihren Verzicht auf Urlaub und Freizeit sollten natürlich auch geführt werden, dann ist Ihnen der Rückhalt garantiert.

Neben den persönlichen Eigenschaften, die Sie als Existenzgründer mitbringen sollten, trägt natürlich auch die Geschäftsidee zum Erfolg eines Unternehmens bei. Bei Ihrer Ideenfindung sollten Sie natürlich auf die Markt- und Konkurrenzsituation achten. Damit Sie die derzeitige Marktlage verstehen, empfehlen wir Ihnen, sich über den Markt ausreichend zu informieren. Wie funktioniert der Markt überhaupt? Wenn Sie diese Frage beantworten können, sind Sie bestens vorbereitet. Wenn Sie Ihre Idee entwickeln, sollten Sie zudem auf die Wünsche des Kunden eingehen und sich an ihnen orientieren. Was haben Ihre Kunden für Vorstellungen? Was wünschen sich Ihre Kunden? Damit Ihre Idee auch von jemandem wahrgenommen wird, sollten Sie mögliche Kunden ausfindig machen und ihre Neugierde wecken.

Wenn Sie sich für eine Neugründung entscheiden, müssen Sie Ihren potenziellen Kunden außergewöhnliche Produkte und besondere Dienstleistungen versprechen. Natürlich können Sie auch eine noch unentdeckte Marktnische abdecken. Wie erfahren Sie, dass es ein bestimmtes Produkt noch nicht gibt? Um Ihre Konkurrenz zu kontrollieren, müssen Sie gründlich recherchieren. Auch können Sie zu Branchenbüchern greifen und sich dort einen Überblick verschaffen. Reicht Ihnen das immer noch nicht, können Sie eine Sichtung des Gewerberegisters beantragen oder beim Patentamt nachfragen.

Es ist allerdings nicht zwingend notwendig eine Marktnische abzudecken. Sie können natürlich auch ein Unternehmen gründen und Produkte anbieten, die es in Ihrem geografischen Umkreis noch nicht gibt. Das gleiche gilt natürlich auch für noch nicht angebotene Dienstleistungen in Ihrem Umfeld. Sollten trotzdem schon ähnliche Unternehmen in Ihrer Umgebung sein, können Sie natürlich immer noch durch einen besonders freundlichen Kundenumgang, einer guten Beratung, einem guten Service, durch günstige Preise, durch hohe Qualität und durch ein attraktives Design auffallen. Oder Sie wandeln schon vorhandene Produkte ein wenig ab und variieren Sie je nach Geschmack und Bedürfnisse des Kunden.

Neben einem begrenzten Kapital, haben viele Existenzgründer auch Probleme mit der Zeit. Plötzlich werden spontan große Investitionen getätigt, von denen sich erhofft wird, dass sie die Probleme innerhalb des Unternehmens lösen. Jedoch sind kurzfristige Investitionen nicht wirklich fördernd für den weiteren Geschäftsverlauf. Wenn Ihnen in den Sinn kommen sollte, Sie wollen ein paar Investitionsgüter anschaffen, dann überlegen Sie es sich gut und planen Sie diesen Schritt genau ein. Überprüfen Sie Ihre Finanzen! Nichts ist schlimmer, als hohe Ausgaben zu haben, die vorher nicht eingeplant waren.

Auch reicht die Zeit oft nicht aus, um sich gute Angebote einzuholen. Das Leben eines Existenzgründers ist anstrengend, da kann schon mal die Zeit knapp werden, um Angebote zu vergleichen. Haben Sie keine Zeit sich andere Angebote einzuholen, laufen Sie Gefahr, zu hohe Ausgaben zu tätigen. Hätten Sie ein paar Vergleiche gehabt, hätte man das natürlich verhindern können. Sollten sie also planen, große Investitionen zu tätigen, sollten Sie sich ausreichend Zeit nehmen, um das beste Angebot zu finden. Falls Sie wirklich keine Zeit dafür haben, sollten Sie sich wenigstens einen Berater suchen, der die Aufgabe für Sie übernimmt. Auch im Internet finden Sie zur Not genügend Preisvergleiche, die Ihnen helfen können.

Um seine Existenz zu sichern, benötigen Sie dringend einen Businessplan. Besonders wichtig ist, dass Sie Ihr Unternehmen die ersten zwei Jahre komplett durchplanen. Natürlich ist es klar, dass Sie viele Daten noch gar nicht kennen können, doch Umfragen haben ergeben, dass es sich auf jeden Fall lohnt, einen Businessplan zu erstellen. Mit dem Plan können Sie Ihre Geschäftsidee ausarbeiten und präzisieren. Wenn Sie Ihren Plan fertiggestellt haben, können Sie ihn Ihren potenziellen Partnern, Banken oder auch Investoren vorlegen.

Natürlich ändern sich mit der Zeit auch Ihre Vorstellungen, dementsprechend können Sie Ihren Plan jederzeit nach Ihren Wünschen anpassen. Sie können schließlich nicht in die Zukunft schauen und wissen, wie sich Ihr Unternehmen in den nächsten Jahren entwickeln wird. Tatsächlich ist es bei einigen Existenzgründern vorgekommen, dass sich ihr Plan sogar komplett geändert hat. Der Businessplan ist eben kein richtiger Fahrplan, sondern eher eine gute Grundlage für Ihre Vorhaben.

Was sollte in einem Businessplan stehen? Alle wichtigen Meilensteine sollten natürlich in diesem Businessplan festgehalten werden. Welche Kooperationspartner kommen in Frage? Welche Kundenanzahl stellen Sie sich in der Anfangsphase vor? Wie sollten Ihre Umsatzzahlen aussehen? Wann wollen Sie das erste Mal Gewinne verbuchen können? Wenn Sie Ihr Vorhaben in die Tat umgesetzt haben, sollte Sie Ihre Punkte den aktuellen Zahlen und der Geschäftsentwicklung anpassen. Wie ist ein Businessplan aufgebaut? Geben Sie dem Leser einen kleinen Überblick, dann sollten Sie Ihr Vorhaben kurz zusammenfassen, damit man einen ersten Eindruck von Ihrer Geschäftsidee bekommt. Im nächsten Schritt gehen Sie etwas genauer auf Ihre Produkte oder Dienstleistungen ein. Auch sollten Sie ein paar Punkte zu Ihrer Branche, dem Marketing, dem Standort und natürlich zu Ihrer Unternehmensform niederschreiben. Wie Sie Ihr Unternehmen führen wollen, welche Investitionen Sie planen und eine Zwei-Jahres-Planung gehört ebenfalls in einen Businessplan.

Was neben einem detaillierten Businessplan nicht fehlen darf? Ein Finanzplan! Falls Sie von der Bank einen Kredit für Ihr

Gründungsvorhaben benötigen, sollten Sie in jeden Fall einen Finanzplan erstellen. Eine grobe Preiskalkulation, mit einer Gewinn- und Verlustplanung, einer Planung des Personals, der Cash-Flow-Planung, einer Umsatzplanung, einer Planung der Liquidität und einer Bilanzplanung darf natürlich auch nicht fehlen. Da Sie noch in der Planungsphase Ihrer Existenzgründung stecken, sollten Sie auch die Anlaufphase mit einplanen. Sie sollten sich im Klaren sein, dass Ihr Vorhaben immer etwas anders laufen kann, wie Sie es sich vorgestellt haben. Haben Sie eine grobe Preiskalkulation aufgestellt, müssen Sie trotzdem alle Einnahmen und Ausgaben regelmäßig überwachen, damit keine großen Überraschungen auftreten können.

Das Marketing ist ebenfalls ein wichtiger Punkt, um Ihre Existenz zu sichern. Um mit seinem Unternehmen Erfolg zu haben, müssen Sie ein gewisses Verständnis für den Markt aufbauen, die Konkurrenz genau analysieren und die Wünsche der Kunden erfüllen. Auch spielt das richtige Marketing eine sehr große Rolle, um erfolgreich zu sein. Es stehen Ihnen viele Optionen zur Verfügung, da wären einmal die klassischen Marketingmaßnahmen, wie Werbung in der Zeitung, im Kino oder auf einem Plakat, doch auch die neueren Marketingmaßnahmen können Sie sehr gut nutzen, um Ihr Unternehmen bekannt zu machen.

Das Internet ist eine gute Alternative zu klassischen Marketingmaßnahmen. Zeitungswerbung ist relativ kostspielig, deshalb sollten Sie auch die kostengünstigen Social-Media-Kanäle nutzen, mit denen Sie Ihre Message ebenfalls verbreiten können. Auf vielen Social-Media-Kanälen können Sie sogar kostenlose Tools verwenden, die Ihnen helfen, mehr Reichweite zu generieren.

Um viele neue Kunden zu gewinnen, lohnt es sich, auf einen Marketing-Mix zu setzen. Wenn Sie Ihre Marketingmaßnahmen ergreifen, sollten Sie deshalb auf mehrere Kanäle zurückgreifen. So können Sie sich eine gute Positionierung am Markt sichern. Um die best möglichsten Ergebnisse zu erzielen, sollten Sie Ihre Kanäle regelmäßig überprüfen, damit Sie eventuell Änderungen vornehmen können. Das Verhalten Ihrer Kunden und Ihrer möglichen neuen Kunden ändert sich nämlich ständig, deshalb sind Anpassungen manchmal notwendig. Marketing ist mehr als nur Werbung. Eine gute Recherche und ein Marketingplan sind sehr wichtig, um den Erfolg Ihres Unternehmens voranzutreiben.

Für viele Kunden ist es bequemer und einfacher, wenn Sie alles, was sie benötigen, aus einer Hand kaufen können. Selten kommt es vor, dass ein Unternehmen mehrere Dienstleistungen oder Produkte aus verschiedenen Branchen anbietet. Die meisten Existenzgründer spezialisieren sich nämlich auf eine bestimmte Sache. Damit Sie Ihren Kunden gerecht werden, sollten Sie nicht davor zurückschrecken mit anderen Unternehmen zu kooperieren. Suchen Sie nach Unternehmen, die mit Ihren Produkten oder Dienstleistungen Ihre Leistungen ergänzen können. Durch Kooperationen mit anderen Unternehmen können Sie zusätzlich neue Kunden gewinnen.

Wollen Sie Ihr eigenes Unternehmen gründen, kommen viele neue Aufgaben auf Sie zu. Auch lernen Sie viele neue Berufe kennen. Denn ein Unternehmen, welches erfolgreich sein will, braucht Menschen, die sich in verschiedenen Bereichen auskennen. Es ist nie verkehrt, den einen oder anderen Experten an Bord zu haben. Sie werden einen Einkäufer, einen Verkäufer, einen Controller oder auch einen Werbeexperten brauchen. Natürlich kommt es immer darauf an, in welcher Branche man ein Unternehmen aufbauen will. Auch können Kollegen, Familienmitglieder, Mitarbeiter oder auch Freunde und

Bekannte gefragt werden, ob Sie ein paar Tipps haben. Wenn danach natürlich immer noch Unklarheiten bestehen, sollten Sie sich einen Berater suchen, der sich auf das Thema Existenzgründung spezialisiert hat.

Natürlich können Sie sich auch Tipps von einer Messe oder von anderen Veranstaltungen einholen. Das ist natürlich Ihnen überlassen. Allerdings gibt es mittlerweile auch viele Gründer-Workshops, die auf alle Themen kurz eingehen und die wichtigsten Fakten zur Existenzgründung aufgreifen. Auch können bei diesem Workshop neue Kontakte geknüpft werden – vielleicht ergibt sich sogar eine neue Kooperation? Alle Möglichkeiten, andere Gründer und Investoren zu treffen, sollten von Ihnen auf jeden Fall wahrgenommen werden.

Viele Existenzgründer können auf eine Förderung bestehen. Die bekannteste Förderung ist der Gründungszuschuss, diesen Zuschuss bezeichnet man auch als Ich-AG. Jeder Unternehmer kann diesen Zuschuss bekommen, wenn er einen Geschäftsplan vorlegen kann, er mindestens zwölf von den letzten 24 Monaten einer sozialversicherungspflichtigen Anstellung nachgegangen ist und ein paar andere Formalitäten vorweisen kann. Außerdem stellen die Bundeskörperschaften Darlehen zur Verfügung, die für die anfänglichen Investitionen gedacht sind. Dazu zählen zum Beispiel die Kosten für den Notar, die Kosten für die ersten Werbemaßnahmen oder die Kosten für nötige Anlagen. Zum einen gibt es das KfW-Startgeld und der KfW-Unternehmerkredit, diese Gründungsförderung zeichnet sich durch besonders günstige Konditionen aus.

Natürlich können Sie auch an einem Gründungswettbewerb teilnehmen. Dazu brauchen Sie nur Ihren Businessplan einreichen. Anhand Ihres Businessplans wird Ihre Geschäftsidee genau überprüft und anhand bestimmter Kriterien bewertet. Begutachtet wird Ihre Idee von Kapitalgebern und Gutachtern. Solche Gründungswettbewerbe sind für alle Existenzgründer sehr attraktiv, da das Unternehmen sehr viel Aufmerksamkeit bekommt. Neben der Aufmerksamkeit bekommt der Gewinner eine umfangreiche Beratung zu seiner Geschäftsidee und einen Sach- oder Geldpreis. Die Preise können bei der Existenzgründung sehr hilfreich sein.

An was denken Sie, wenn Sie an eine Existenzgründung denken? Was schwebt Ihnen im Kopf, was Sie erreichen wollen? Die meisten denken an Freiheit, selbstbestimmtes Leben und an Erfolg. Doch bis das der Fall ist, müssen Sie viel Zeit investieren. Der Weg ist nicht einfach, denn Erfolg kommt nicht einfach so. Erfolg muss man sich erarbeiten. Was zeichnet einen erfolgreichen Unternehmer überhaupt aus? Welche Eigenschaften muss ein Gründer besitzen, um ein erfolgreiches Unternehmen aufzubauen?

Wenn Sie ein erfolgreicher Existenzgründer sein wollen, dann müssen Sie auch alles dafür tun. Nur wer alles für sein neues Unternehmen gibt, kann damit rechnen, dass er hinterher erfolgreich ist. Schon vorher sollten Sie sich Gedanken darüber machen, wie viel Arbeit überhaupt auf Sie zukommt. Natürlich können Sie es nicht zu hundert Prozent wissen, aber kalkulieren Sie großzügig. Planen Sie erst einmal viele Überstunden, viel Stress, keine Wochenenden und keine Feiertage ein. Fällt die Arbeit im Endeffekt doch etwas kürzer aus, können Sie sich immer noch darüber freuen. Denken Sie nicht an eine Existenzgründung, wenn Sie weniger arbeiten wollen. Wenn Sie deshalb nur ein Unternehmen gründen wollen, dann sollten Sie sich lieber einen Teilzeitjob suchen. Damit sind Sie dann vielleicht besser dran. Nicht umsonst gibt es den Spruch: Wer selbstständig ist, der arbeitet selbst und ständig.

Die Anfangsphase wird Sie Nerven kosten. Die ersten Jahre werden mit Sicherheit sehr schwer. Zuerst benötigt man einen guten Kundenstamm, auch sollten Sie viele Kontakte knüpfen, die Ihnen vielleicht in schwierigen Situationen helfen können und Sie brauchen ein gutes Marketing. Nur wenn Ihr Unternehmen bekannt ist, können Sie davon ausgehen, dass Sie auch irgendwann Erfolg haben werden. Allerdings müssen Sie viel Ausdauer mitbringen, wenn Sie sich einen großen Kundenstamm aufbauen wollen. Die eigene Motivation darf dabei natürlich nie verloren gehen. Auch dann nicht, wenn es mal nicht gut laufen sollte.

Um erfolgreich ein Unternehmen führen zu können, müssen Sie sich Ziele setzen. Allerdings müssen Sie vorsichtig sein, dass Sie sich nicht übernehmen. Wer seine Ziele realistisch setzt, der wird erpicht sein, sie zu erreichen. Stellen Sie sich ruhig einen Plan auf, der Ihre Ziele unterteilt. Der Plan kann über mehrere Jahre gehen, er kann aber auch über verschiedene Etappen sein. Wichtig ist dabei, dass Sie ein realistisches Hauptziel anstreben. Haben Sie das vor Augen, können Sie in kleinen Schritten darauf zu gehen. Doch Sie brauchen nicht nur Unternehmensziele, auch sind Ihre persönlichen Ziele von Bedeutung. Halten Sie sich ständig vor Augen, wieso Sie das ganze überhaupt auf sich nehmen. Wieso arbeiten Sie so hart? Für was wollen Sie das alles machen?

Wer ein Unternehmen gründen will, der muss viel Selbstvertrauen haben. Wenn jemand pessimistisch eingestellt ist und negativ an Projekte herangeht, dann ist das zum Scheitern verurteilt. Wenn Sie Erfolg in einem Unternehmen haben wollen, dann dürfen Sie nicht immer sagen, dass Sie etwas nicht können - machen Sie es einfach. Sie müssen an sich glauben und einfach mal Sachen anpacken. Nur wer selbst an sich glaubt, kann andere auch von etwas überzeugen. Wer mit den kleinsten Fehltritten im Alltag nicht umgehen kann, der wird auch mit der besten Idee nicht viel machen können. Deshalb: Seien sie selbstbewusst und setzen Sie sich durch, diese starken Fähigkeiten werden Sie in manchen Situationen des Alltags gebrauchen.

Wie finden Sie das: Sie gehen in einen Laden, dabei haben Sie äußerst gute Laune. Dann kommt Ihnen ein Angestellter des Ladens entgegen. Er sieht wütend aus, vermutlich ist ihm gerade irgendetwas schiefgelaufen. Er schaut Sie an und sagt nichts. Er geht stumpf an Ihnen vorbei und ignoriert Sie. Was denken Sie sich dabei? Ich glaube die Frage brauchen wir Ihnen gar nicht beantworten, oder? Vermutlich kennen Sie die Antwort am besten. Wollen Sie ein Unternehmen gründen, müssen Sie es erst einmal bekannt machen. Dann brauchen Sie Kunden, Berater und natürlich auch das richtige Personal. Um genügend Kunden anzulocken, muss Ihr Unternehmen in vollem Glanz erstrahlen. Doch nicht nur Ihr Unternehmen muss strahlen, auch Sie müssen das. Seien Sie freundlich, zuvorkommend und besonders wichtig ist, zeigen Sie dem Kunden niemals Ihre schlechte Laune.

Ein anderer wichtiger Punkt ist die Kontaktfreudigkeit. Auch der Austausch mit anderen Selbstständigen kann Ihnen helfen, ein erfolgreiches Unternehmen zu führen. Schließlich durchleben Sie gerade ein ähnliches Szenario. Knüpfen Sie also Kontakte. Wenn Sie eher verschlossen sind, sollten Sie Ihre Existenzgründung nochmal überdenken. Wer nicht gerne auf Menschen zugeht, der wird auch später Schwierigkeiten mit seinen Kunden haben. Wenn Sie also eher zurückhaltend sind, können Sie sich natürlich auch einen Partner suchen, der aufgeschlossen ist. Der Partner würde dann in dem Fall den Kundenkontakt und Lieferantenkontakt übernehmen, während Sie für die internen Dinge zuständig sind.

Es gibt Tage, da läuft einfach nichts. Diese Tage gibt es auch bei der Existenzgründung. Immer mal wieder können Probleme auftauchen, mit denen man am Anfang nicht gerechnet hat. In solchen Fällen sollten Sie versuchen die Probleme so früh wie möglich zu erkennen und zu lösen. Nehmen Sie manche Probleme nicht auf die leichte Schulter, denn dann besteht die Gefahr, dass Sie sich festfahren. Falls Ihnen mal ein Fehler passieren sollte, üben Sie sich in Selbstkritik. Überlegen Sie sich nach jedem abgeschlossenen Projekt, was Sie gut gemacht haben und was hätte besser laufen können. Nur so schaffen sie es, Ihr Unternehmen stetig zu verbessern.

Sie als Unternehmer tragen die Verantwortung. Dementsprechend sind Sie auch dafür verantwortlich, wenn etwas nicht richtig kalkuliert wurde. Einnahmen und Ausgaben müssen deshalb immer genau eingeplant und kalkuliert werden. Sie sollten stets die wiederkehrenden Ausgaben im Hinterkopf haben, wie Gehalt für die Angestellten, Steuern, Versicherungen und Mieten. Die restlichen Ausgaben müssen Sie kurzerhand planen, auch wenn das nicht immer ganz einfach ist, schließlich haben Sie nun kein festes Gehalt mehr. Wer da nicht richtig kalkuliert, kann durch die Existenzgründung schnell am Existenzminimum landen. Wenn Sie als Unternehmer mal mehr verdient haben, können Sie nicht im gleichen Atemzug mehr Geld ausgeben. Wer nämlich mehr verdient hat, der muss auch gleichzeitig mehr an das Finanz- bzw. an das Gewerbeamt zahlen. Für diese Situation sollte sich deshalb frühzeitig Geld weggelegt werden.

Als Unternehmer muss man ein gutes Zeitmanagement besitzen. Besonders am Anfang denken sich die meisten Existenzgründer vermutlich, dass sie einfach nur die Fristen der Projekte einhalten müssen. Allerdings sollten Sie auch planen, ordnen und strukturieren können. Wenn Sie Unordnung in Ihr Büro lassen, wird Sie das irgendwann viel Zeit kosten. Auch sollten Sie für das perfekte Zeitmanagement Ihre Arbeit aufteilen können. Wollen Sie Termine einhalten, können Sie nicht alles selbst machen. Wenn Sie alles selbst machen wollen und im Endeffekt Ihre Termine nicht einhalten können, entstehen große Probleme, die man hätte vermeiden können. Jede Minute ist kostbar. Nutzen Sie sie geschickt und setzen Sie Ihre Prioritäten so, dass Sie im Sinne des Unternehmens handeln.

Der wichtigste Faktor für eine erfolgreiche Existenzgründung ist jedoch der Spaß an der beruflichen Selbstständigkeit. Haben Sie einfach Spaß bei der Arbeit! Auch wenn Sie mal einen stressigen oder anstrengenden Tag hinter sich haben, machen Sie sich immer bewusst, was Sie bis jetzt schon geschafft haben. Sie hatten den Mut dazu, ein eigenes Unternehmen aufzubauen. Wie viele Menschen können das schon von sich behaupten? Nicht viele Menschen sind mit sich und Ihrer Arbeit im Reinen. Diese positive Einstellung wird sich mit Sicherheit auch auf Ihre Kunden auswirken! Sie wissen ja: Wer den Tag mit einem Lächeln beginnt, hat ihn bereits gewonnen.

VOR- UND NACHTEILE EINER EXISTENZGRÜNDUNG

Nun kennen Sie die Grundlagen zur Existenzgründung. Sind Sie sich immer noch nicht sicher, ob Sie diesen Schritt wagen sollen? Wir haben für Sie eine übersichtliche Liste der Vor- und Nachteile zusammengestellt, die Ihnen bei Ihrer Entscheidung helfen soll.

Nachteile

Manche Nicht-Selbstständige mögen eine voreingestellte Meinung von Selbstständigen haben, allerdings trifft das in den meisten Fällen nicht zu. Sie verfügen über das Privileg, jeden Tag arbeiten zu können, wann sie wollen. Außerdem ist jeder Selbstständiger so erfolgreich, dass er sich einen neuen Mercedes leisten kann. Sie verstehen, worauf wir hinauswollen? Doch wie sieht die Wahrheit aus? Selbstständigkeit ist oft harte Arbeit. Auf jeden Fall ist die Anfangszeit sehr harte Arbeit. Sie müssen Ihr Unternehmen erst einmal „Groß" machen, um sich einige Dinge leisten zu können. Hinzu kommt, dass man um jeden Auftrag kämpfen muss. Es ist nicht selbstverständlich, dass sich sofort nach der Eröffnung alle Leute für Ihren Laden interessieren. Zuerst müssen Sie die Startphase überstehen, danach müssen Sie sich darum kümmern, dass Ihnen die Kunden erhalten bleiben. Schauen wir uns den nächsten Punkt an - die Einnahmen.

Besonders am Anfang der Existenzgründung sind die Einnahmen sehr bescheiden. Das Geld reicht gerade so, um den Lebensunterhalt zu bezahlen. Viele Ausgaben können nämlich noch nicht richtig eingeschätzt werden, daher kommt es oft zu unerwarteten Geldausgängen. Auch die Motivation schwindet im Laufe der Zeit, denn die anfängliche Euphorie lässt mit der Zeit nach. Nur wer mit viel Ehrgeiz und Motivation dabei ist, kann auf Dauer erfolgreich selbstständig sein und das ist alles andere als leichte Arbeit.

Vorteile

Sie machen Ihr Hobby zum Beruf. Das, was Sie am liebsten machen, können Sie also den ganzen Tag lang machen. Als Selbstständiger hat man die Chance, viele neue Leute kennenzulernen. Sie könnten neue Kontakte knüpfen und auf Gleichgesinnte treffen. Vielleicht können Sie sich ja gegenseitig austauschen und so Ihr Unternehmen fördern. Wenn Sie Ihr eigenes Unternehmen gründen, kommen viele neue Aufgaben auf Sie zu. Sie lernen verschiedene Aufgabenbereiche kennen und müssen nicht immer die gleichen Aufgaben erledigen. Auch wenn Sie in der Anfangsphase nicht wirklich viel Freizeit haben, können Sie sich umso mehr darauf freuen, wenn Sie Ihr Unternehmen gefestigt haben.

Dann kommen Sie übrigens auch in den Genuss von mehr Freizeit und Selbstbestimmung. Sie sind dann also Ihr eigener Chef. Außerdem müssen Sie keine Kompromisse eingehen, denn wenn Sie alleine arbeiten, können Sie entscheiden, worauf Sie sich einlassen. Zudem gehört auch die freie Einteilung der Arbeitszeit dazu. Sie können morgens anfangen zu arbeiten, mittags aufhören zu arbeiten oder eben dann, wann es Ihnen passt. Sie sind Ihr eigener Chef. Wenn Sie lange genug an Ihrem Unternehmen festhalten, spiegelt sich das auch irgendwann in Ihrem Verdienst wieder.

Schluss

Wir hoffen, dass Ihnen der Ratgeber zur Existenzgründung gefallen hat und Ihnen dadurch der Weg in die Selbständigkeit erleichtert wird. Wie Sie sicherlich festgestellt haben, ist es durchaus mit Anstrengung verbunden, ein Unternehmen aus dem Nichts zu gründen. Sie müssen verschiedene Bedingungen und Voraussetzungen erfüllen, um ein erfolgreiches Unternehmen auf die Beine zu stellen. Eine gute Geschäftsidee alleine reicht da leider nicht aus, um Erfolg zu haben.

Die Geschäftsidee ist zwar der erste wichtige Schritt und eine notwendige Voraussetzung, allerdings entscheidet eine gute Idee nicht über den Erfolg eines Unternehmens. Auch die anfängliche Euphorie kann ein Unternehmen nicht über Wasser halten. Viele andere Aspekte treffen bei der Existenzgründung aufeinander. Zum Beispiel ist die persönliche Einstellung auch ein wichtiger Faktor. Sie sollten die Existenzgründung auf keinen Fall als Freizeitbeschäftigung betrachten, natürlich muss der Spaß an der Arbeit sehr weit oben angesiedelt sein, allerdings benötigen Sie auch sehr viel Durchhaltevermögen und Ehrgeiz, um auf Dauer ein erfolgreiches Unternehmen zu leiten. Daher sollten Sie sich dringend vor Beginn einer Existenzgründung überlegen, ob Sie sich dafür geeignet fühlen. Zudem gehört zu einer erfolgreichen Unternehmensführung jede Menge Planung und Umsetzung.

Als Selbstständiger müssen Sie von allem ein bisschen können. Sie erledigen viel mehr Aufgaben als ein festangestellter Arbeitnehmer, dementsprechend tragen Sie auch wesentlich mehr Verantwortung. Obwohl Sie viel mehr Verantwortung übernehmen, müssen Sie in der Anfangszeit mit einem stark schwankenden Einkommen rechnen. Das bedeutet, dass Sie wesentlich mehr Kraft und Zeit investieren müssen. Besonders in der Anfangsphase, wenn Sie sich noch nicht um geeignetes Fachpersonal gekümmert haben, müssen Sie viele Dinge selbst erledigen. Jedoch kann niemand, nicht mal ein Selbstständiger, das alles alleine erledigen, ohne dabei wichtige Zeit zu verschwenden.

Hinzu kommen die fachlichen Voraussetzungen, die finanziellen Faktoren, sowie die wirtschaftlichen und juristischen Bedingungen. Um erfolgreich eine Existenz zu gründen, müssen Sie viele Voraussetzungen erfüllen. Am Anfang sollte eine gute Geschäftsidee stehen, die in einem Businessplan festgehalten wird. Mit Hilfe des Businessplans versuchen Sie Ihr Unternehmen von Jahr zu Jahr zu verbessern. Der Plan kann sich, je nach Lage des Unternehmens, weiterentwickeln und ständig anpassen. Damit Ihrer Existenzgründung nichts mehr im Wege steht, sollten Sie sich zusätzlich von einem Experten zum Thema Existenzgründung beraten lassen. Planen Sie genügend Zeit für die Vorbereitungsphase ein! Denn: Je besser die Planung, desto weniger böse Überraschungen können einem den Start in die Selbstständigkeit verderbe

Wir danken Ihnen für Ihr Interesse und Ihr Vertrauen. Als Dankeschön dafür, haben wir eine besondere Überraschung. Wir haben exklusiv für Sie **„So erstellen Sie Ihren eigenen Businessplan - inklusive Checkliste“**. Und diese erhalten Sie vollkommen kostenlos. Das klingt wunderbar? Dann warten Sie nicht lange und holen Sie sich Ihr Gratis-Geschenk.

Hier geht es zu Ihrem Gratis-Geschenk:

https://forms.gle/rQ7ZyPSGJerMMsZZ9

1. **Öffnen Sie die Kamera-App auf Ihrem Smartphone und richten Sie die Kamera auf den QR-Code.**
2. **Klicken Sie auf den Link, der Ihnen angezeigt wird und schon werden Sie zur Website weitergeleitet.**

Impressum

Herausgeber: Pegoa Global Media GmbH / Am Sandtorkai 27 / 20457 Hamburg
Kontakt: kontakt@pegoamedia.de
Coverbild: Shutterstock